高等职业教育装配式建筑系列教材

装配式混凝土结构施工技术与管理

主　编　王　鑫　赵腾飞

副主编　劳淑静　王太鑫

参　编　司昕雨　苏　磊　张怡河　彭占文　曹启光

　　　　浦双辉　吴继宇　付　瑶　祁　晶　孙大龙

主　审　刘立明

机械工业出版社

本书为装配式建筑系列教材之一,讲述装配式混凝土结构施工技术与管理方法。全书共 9 章。第 1 章:装配式混凝土结构建筑概述;第 2 章:装配式混凝土结构全专业设计;第 3 章:PC 结构构件的生产过程及管理;第 4 章:PC 结构构件的吊装技术;第 5 章:装配式混凝土结构工程施工管理;第 6 章:装配式混凝土结构建筑机电预制以及安装;第 7 章:装配式建筑装修;第 8 章:装配式混凝土结构建筑质量管理;第 9 章:装配式混凝土结构建筑施工安全管理。

本书突出高等院校教育特色,以培养高端技能型人才为目的,偏重于培养学生解决装配式建筑施工与管理的实际问题的能力,培养学生理论联系实际的能力。本书吸纳企业一线的技术能手参与编写与把关,知识章节紧凑完整,结合编者多年积累的大量经验及施工现场的管理经验,以实际工程案例为原型阐述知识点,并配有完整的施工现场视频和动画,制作了详尽的教学多媒体课件。

本书可作为土建类专业高等院校相关课程教材,也可作为土建工程技术人员参考用书。

图书在版编目(CIP)数据

装配式混凝土结构施工技术与管理/王鑫,赵腾飞主编 . —北京:机械工业出版社,2020. 1 (2022. 8 重印)
高等职业教育装配式建筑系列教材
ISBN 978-7-111-64539-9

Ⅰ. ①装… Ⅱ. ①王…②赵… Ⅲ. ①装配式混凝土结构 – 混凝土施工 – 高等职业教育 – 教材 Ⅳ. ①TU755

中国版本图书馆 CIP 数据核字(2020)第 011131 号

机械工业出版社(北京市百万庄大街 22 号 邮政编码 100037)
策划编辑:常金锋 责任编辑:常金锋 覃密道
责任校对:张晓蓉 封面设计:鞠 杨
责任印制:李 昂
北京捷迅佳彩印刷有限公司印刷
2022 年 8 月第 1 版第 4 次印刷
184mm×260mm · 11. 25 印张 · 273 千字
标准书号:ISBN 978-7-111-64539-9
定价:39. 00 元

电话服务 网络服务
客服电话:010-88361066 机 工 官 网:www. cmpbook. com
　　　　　010-88379833 机 工 官 博:weibo. com/cmp1952
　　　　　010-68326294 金 书 网:www. golden-book. com
封底无防伪标均为盗版 机工教育服务网:www. cmpedu. com

前　言

　　装配式建筑是指用预制的构件在工地装配而成的建筑，通过"标准化设计、工厂化生产、装配式施工、一体化装修、过程管理信息化"，全面提升建筑品质和建造效率，达到可持续发展的目标。发展装配式建筑是建造方式的重大变革，是推进供给侧结构性改革的新型城镇化发展的重要举措，也是推进建筑业转型的重要方式，有利于节约资源能源、减少施工污染、提升劳动生产效率和质量安全水平，有利于促进建筑业与信息化、工业化深度融合，培育新产业新动能，推动化解过剩产能，实现社会的可持续发展。

　　2016 年 9 月 27 日《国务院办公厅关于大力发展装配式建筑的指导意见》（国办发〔2016〕71 号）中提出：力争用 10 年左右的时间，使装配式建筑占新建建筑面积的比例达到 30%。该政策的出台在促进预制装配式住宅发展的同时，也对装配式建筑技术提出了更大的挑战与更高的要求。

　　现阶段从事装配式建筑研发、设计、生产、施工、管理等人员的数量，已经无法满足装配式建筑的发展需求。住房和城乡建设部于 2017 年发布《建筑业发展"十三五"规划》《"十三五"装配式建筑行动方案》等文件，文件中提及要加快培养与装配式建筑发展相适应的技术和管理人才，包括行业管理人才、企业领军人才、专业技术人才、经营管理人才和产业工人队伍。因此，为适应建筑高等教育新形势的需求，本书广泛查阅相关资料，结合真实项目案例，吸纳国内大型装配式施工和生产企业一线技术人员参与编写。本书结合了目前装配式混凝土建筑的相关政策和国家现行标准规范，以培训装配式混凝土建筑施工人员为主要目标，重点介绍了装配式混凝土结构施工组织管理、施工关键技术、机电工程施工、内装、配套工装系统的应用、信息化应用技术、施工质量控制与验收，同时进行了相关的案例分析。本书编写过程中力求内容精炼、图文并茂、重点突出、文字表述通俗易懂，并配有施工现场视频和动画以及教学课件，便于相关人员更好地掌握装配式建筑的知识。

　　装配式建筑分为混凝土结构大类、钢结构大类以及木结构大类，针对目前比较流行的混凝土结构大类和钢结构大类，编者分别编写了本书和《装配式钢结构施工技术与案例分析》，这两本教材为"姊妹篇"。

　　本书由辽宁城市建设职业技术学院王鑫、北京建谊投资发展（集团）有限公司赵腾飞任主编。北京建谊投资发展（集团）有限公司刘立明担任主审，张鸣担任顾问。北京建谊投资发展（集团）有限公司劳淑静、沈阳卫德科技集团有限公司王太鑫担任副主编。参加编写的人员还有北京建谊投资发展（集团）有限公司司昕雨、苏磊、张怡河、彭占文、曹启光、浦双辉、吴继宇、付瑶、祁晶；沈阳卫德科技集团有限公司孙大龙。

　　本书根据高等院校土建类专业人才培养目标、教学计划、装配式建筑相关技术课程的教学特点和要求，结合国家装配式建筑品牌专业群建设，并以《装配式混凝土结构技术规程》

（JGJ-1—2014）等规范、规程、图集为依据编写，以提高学生的实践应用能力，具有实用、系统、先进等特色。

　　本书在编写过程中，参考了一些优秀企业的项目资料，并得到优秀从业人员的指导和帮助，在此一并表示真挚的感谢。由于编者水平有限，书中难免有不足之处，敬请各位专家、读者批评指正。

编者

目　录

第1章　装配式混凝土结构建筑概述

内容提要

本章作为概述章节，主要对建筑产业现代化与装配式建筑、装配式混凝土结构建筑的发展概况、装配式混凝土结构建筑的常见结构体系及装配式混凝土结构建筑的发展意义与展望进行阐述。希望通过本章的学习，读者能对装配式混凝土结构建筑有一个整体的认识。

课程重点

1. 了解建筑产业现代化、新型建筑工业化与装配式建筑的概念。
2. 了解国内外装配式混凝土结构建筑的发展概况。
3. 掌握装配式混凝土结构建筑的常见结构体系。

1.1　建筑产业现代化与装配式建筑

建筑产业现代化与新型建筑工业化是两个不同的概念，产业化是指整个建筑产业链的产业化，把建筑工业化向前端的产品开发、下游的建筑材料、建筑能源甚至建筑产品的销售延伸，是整个建筑行业在产业链条内资源的更优化配置，而工业化是指生产方式。新型建筑工业化是以构件预制化生产、装配式施工为生产方式，以设计标准化、构件部品化、施工机械化为特征，能够整合设计、生产、施工等整个产业链，实现建筑产品节能、环保、全生命期价值最大化的可持续发展的新型建筑生产方法。产业化高于工业化，新型建筑工业化的目标是实现建筑产业现代化。因此，为实现此目标，首先要实现新型建筑工业化，然后以新型建筑工业化为核心，逐步推动建筑产业现代化的发展。

1.1.1　建筑产业现代化

1. 建筑产业现代化、新型建筑工业化、住宅产业化与绿色建筑的概念

建筑产业现代化：以标准化设计、工厂化生产、装配化施工、一体化装修、信息化管理为主要特征，并在设计、生产、施工、开发、维护管理、更新改造、拆除重建等环节形成完整的产业链，实现建筑在建造过程中（包括全生命期）的工业化、集约化和社会化，同时达到节能、节地、节水、节材、环保的绿色化发展目标。

新型建筑工业化：是指在房屋建造中采用标准化设计、工厂化生产、装配化施工、一体化装修和信息化管理为主要特征的工业化生产方式。它是建筑产业现代化的核心，"新型"

主要新在信息化，体现在信息化与建筑工业化的深度结合，是以信息化带动的工业化，这在技术上是一种革命性的跨越式发展。

住宅产业化：利用科学技术改造传统住宅产业，实现以工业化的建造体系为基础，以建造体系和部品体系的标准化、通用化、模数化为依托，以住宅设计、生产、销售和售后服务为一个完整的产业系统，以节能、环保和资源的循环利用为特色，提升住宅的质量与品质，最终实现住宅的可持续发展。

绿色建筑：在全生命期内，最大限度地节约资源（节能、节地、节水、节材）、保护环境、减少污染，为人们提供健康、适用和高效的使用空间，能够与自然和谐共生的建筑。

2. 建筑产业现代化与新型建筑工业化、住宅产业化、绿色建筑的关系

（1）各自的目标不同　新型建筑工业化主要强调对建筑业的工业化改造，其目标是实现建筑业由手工操作方式向工业化生产方式转变；住宅产业化主要强调对住宅的产业化整合，其目标是实现住宅产业的持续健康发展；绿色建筑主要强调低耗、高效、经济、环保、集成与优化，是人与自然、现在与未来之间的利益共享，是可持续发展的建设手段；建筑产业现代化则强调建筑全产业链及实现过程的现代化。

（2）包含的内容不同　住宅产业化包含了住宅建筑主体结构工业化建造方式，同时还包含户型设计标准化、装修系统成套化、物业管理社会化等；新型建筑工业化不仅包含住宅建筑物生产的工业化，还包含公共建筑物及其他建筑物生产的工业化；绿色建筑包含节能、节地、节水、节材等特点，保护环境和减少污染，为人们提供健康、舒适和高效的使用空间，是与自然和谐共生的建筑物。而建筑产业现代化不仅包含了住宅产业化和建筑工业化的内容，还涵盖了建筑全产业链的现代化。建筑产业现代化、新型建筑工业化、住宅产业化的区别与联系如图1-1所示。

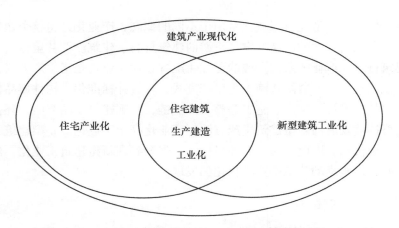

图 1-1　建筑产业现代化、新型建筑工业化、住宅产业化的区别与联系

1.1.2　建筑产业现代化的优势

1. 提高效率

建筑产业现代化通过标准化设计、工厂化生产、装配化施工，减少了人工操作，且由于构件生产和现场建造可在两地同步进行，相比传统建造方式大大缩短了工期，从而提高了生

产效率。此外，由于采用工厂化生产，所需工人人数较少，也提升了劳动生产率。

2. 降低资源能源消耗

传统的现浇或砌体结构的建造方式需要大量的模板、脚手架，现场湿作业过程中木材、钢材、水泥、水消耗量很大，而按现代化方式建造的项目由于实现了构件生产工厂化，减少了施工现场的湿作业，材料和能源等资源均处于可控状态。据测算，通过采用建筑产业现代化生产方式，施工现场模版用量可减少85%以上，现场脚手架用量可减少50%以上，抹灰工程量可节约50%，节水40%左右，节电10%以上，减少材料消耗约40%，施工现场垃圾减少80%，施工周期缩短50%左右。

3. 提升建筑品质和改善人居环境

采用建筑产业现代化方式，将绝大部分构件、部品、节点在工厂工业化预制。工厂预制生产的构配件设备精良，工艺完善，工人熟练，质控容易，施工质量大大提高。例如，一般现浇混凝土结构的尺寸偏差会达到10mm，而预制装配式混凝土结构的施工偏差在5mm以内。

由于建筑产业现代化的建造大部分工作是在工厂完成的，并且工厂根据现场需要陆续提供构配件，因此现场施工环境会大大改善，噪声、垃圾、扬尘等污染会大大降低，在施工速度有保障的情况下，也可避免夜间抢工带来的施工扰民。因此，现代化的建造方式可以有效地改善人居环境。

4. 促进建筑产业转型升级，助力新型城镇化

在中国经济进入新常态的大背景下，伴随着人工成本不断提升，以往依靠密集型劳动资源来推进的建筑方式将面临越来越大的困难；随着社会经济的发展，人民对建筑质量、品质和安全性的要求，对环境保护的要求也越来越高。建筑产业现代化以工厂生产、现场装配、设计施工装修一体化的方式建造房屋，在"四节一环保"以及减排、提高品质、保障质量、减少人工、提高效率等方面效果明显，并且可以优化资源配置，大大提高人均劳动生产率，是实现建筑产业链升级、产业结构战略性调整的有效途径。

建筑产业现代化所涵盖的木结构、轻钢结构、装配式混凝土结构等建筑结构形式可大量运用于新型城镇化过程中的房屋建设，对改善人民生活、提供优质的新型城镇化生产生活方式具有重要意义。

1.1.3 装配式建筑

装配式建筑是指建筑构件在工厂批量生产，现场组装建造的工业化建筑。建造方式采用标准化设计、模块化拆分、工厂化生产、装配化施工。装配式建筑是建筑工业化的主要特征之一，是工业化程度较高的建筑。

狭义的装配式建筑主要指装配式混凝土结构建筑，施工方式采用装配式（施工装配化）而非传统的现浇、湿作业或手工为主的建造方式，即装配式建筑强调的是施工技术手段。

广义的装配式建筑外延上包括预制装配式混凝土建筑、钢结构建筑、木结构建筑等，符合《装配式建筑评价标准》（GB/T 51129—2017）中的特征和要求符合"五化"和"四节一环保"的发展目标。

从结构形式来说，装配式混凝土结构建筑（图1-2）、装配式木结构建筑（图1-3）、装配式钢结构建筑（图1-4）都可以称为装配式建筑，它们是工业化建筑的重要组成部分。这种建筑的优点是建造速度快，受气候条件制约小，既可节约劳动力又可提高建筑质量，用通俗的话形容，就是像造汽车那样造房子。

图 1-2　装配式混凝土结构建筑

图 1-3　装配式木结构建筑

图 1-4　装配式钢结构建筑

装配式混凝土结构建筑：在工厂内预制混凝土构件或部件，在施工现场装配而形成的建筑。预制装配式建筑的核心是构件预制与节点现浇相结合，发挥各自优势，保证结构的整体性。预制混凝土装配式建筑的优势有：质量好、工期短、产业化程度高等。

装配式钢结构建筑：由钢结构作为承重结构，配合工业化楼板系统、内外墙体系统，形成一套完备的建筑体系。优势有：柱网间距大、构件截面小，建筑布局灵活、得房率高；结构构件全部在工厂加工，现场装配化程度高。

装配式木结构建筑：材料环保，装配率高，但是受资源禀赋限制，在我国大规模应用难度较大。

中共中央、国务院《关于进一步加强城市规划建设管理工作的若干意见》提出，大力推广装配式建筑，减少建筑垃圾和扬尘污染，缩短建造工期，提升工程质量。要求"制定装配式建筑设计、施工和验收规范。完善部品部件标准，实现建筑部品部件工厂化生产。鼓励建筑企业装配式施工，现场装配。建设国家级装配式建筑生产基地。加大政策支持力度，力争在 10 年左右时间，使装配式建筑占新建建筑的比例达到 30%"。

目前，我国的装配式建筑比例仅在 5% 左右，建筑产业现代化仍处于初级阶段。建筑业转向新型工业化发展正处于关键时期，装配式建筑尚未形成"规划、设计、制造、施工、管理"全产业链的发展模式,虽然每个专业领域都有相当出色的企业和产品,但缺乏统一的整合平台。

经过近 10 年的艰苦努力,我国装配式建筑也取得了突破性进展,有些已处于世界领先地位,例如:

1)以万科和远大住工等为代表的预制装配式混凝土结构建筑。该模式适合于量大面广的多层、小高层办公、住宅建筑,在传统技术框架和框剪基础上侧重于外墙板、内墙板、楼板等的部品化,部品化率为 40%~50%,并延伸至现场装修一体化,成本进一步压缩,已接近传统技术成本,可以做到约五天建一层。

2)以中建钢构、东南网架等为代表的装配式钢结构建筑。该模式适合于高层或超高层办公、宾馆建筑,部分应用到住宅建筑,在传统技术核心筒的基础上,侧重于钢结构部品部件工厂化,还延伸至现场装修一体化,部品化率为 30%~40%,强调集成化率。

3)以远大工厂化可持续建筑等为代表的预制装配式全钢结构建筑。该模式适合于高层或超高层办公、宾馆、公寓建筑,完全替代传统技术,更加节能(80%)、节钢(10%~30%)、节混凝土(60%~70%)、节水(90%),部品化率为 80%~90%,部品在工厂内一步制作并装修到位,现场快捷安装,高度标准化、集成化使成本比传统技术压缩 1/4~1/3,可以做到每天建 1~2 层,实现"六节一环保"(即更加节能、节地、节水、节材、节省时间、节省投资、环保),符合循环经济理念,又好、又省、又快。可持续建筑是在全钢结构上的部品化、集成化,采用近似标准集装箱式运输,海运成本大幅降低,可破解一般装配式建筑运输半径的瓶颈。

从上述案例可以看出,我国建筑业已经从粗放型向高端集约型转变,这是建筑产业转型发展的一场深刻变革。

装配式建筑采用新的方式建造房屋,能更好地实现建造质量、施工工期、人工用量和成本方面的控制。由于施工技术手段的改变,可以有效减少现场施工产生的能耗和污染,降低人力成本,提高生产效率,避免传统建造方式下的人工作业误差,从而保证建筑质量。这无疑是解决当下产业转型、提质增效和"用工荒"等问题的有效手段,是我国转变城市建设模式、有效降低建筑能耗、推进建筑新型工业化、实现建筑产业现代化的重要载体,也符合新型城镇化的发展要求。

装配式建筑结构的诸多优点使它成为新型建筑工业化发展的核心,在不断地推进着建筑产业现代化的发展。装配式建筑的发展已经成为建筑行业可持续发展的必然要求。

1.2 装配式混凝土结构建筑的发展概况

装配式混凝土结构来自英文"Precast Concrete Structure",简称"PC 结构",是由预制混凝土构件通过可靠的连接方式装配而成的整体混凝土结构。它按照结构中主要预制承重构件的连接方式不同可分为:全装配混凝土结构和装配整体式混凝土结构。全部由预制构件装配形成的混凝土结构,称作全装配式混凝土结构(图 1-5)。预制混凝土构件之间首先进行可靠连接,再与现场后浇混凝土、水泥基灌浆料形成整体的装配式混凝土结构,称作装配整体式混凝土结构(图 1-6)。装配式混凝土结构在结构工程中简称装配式结构,在建筑工程中,具有装配式混凝土结构的建筑简称装配式建筑。

图1-5　全装配式混凝土结构图

图1-6　装配整体式混凝土结构

1.2.1　国外装配式混凝土结构建筑的发展概况

预制混凝土构件的使用起源于英国，1875 年，英国人 Lascell 提出了在结构承重骨架上安装预制混凝土墙板的新型建筑方案。1891 年，法国巴黎 Ed. Coigent 公司首次在 Biarritz 的俱乐部建筑中使用预制混凝土梁。二战结束后，预制混凝土结构首先在西欧发展起来，然后推广到世界各国。

发达国家的装配式混凝土结构建筑经过几十年甚至上百年的发展，各国根据自身实际，选择了不同的发展道路和方式。目前，这些国家的装配式混凝土结构建筑已经达到了相对成熟、完善的阶段。

美国于 20 世纪 50 年代开始大力推广预制预应力混凝土结构。1962 年，预制预应力混凝土结构产品达到 153 万 m^3，其中一半用于桥梁结构，一半用于房屋建筑。1997 年颁布的《美国统一建筑规范》（UBC 97）中指出，倘若通过试验和分析能够证明预制结构在承载力、刚度方面的性能达到甚至超过相应的现浇混凝土结构，那么在高烈度地震区亦允许使用预制混凝土结构（图1-7）。

1968 年，日本提出了装配式住宅的概念，借鉴欧洲的 PCa 构法，研发出 W-PC（板式钢筋混凝土）构法，于 1960—1971 年间共建造 12 万户集合住宅；1990 年推出了采用部品化、工业化的生产方式，追求中高层住宅的配件化生产体系；2002 年，发布了《现浇等同型钢筋混凝土预制结构设计指针及解说》。日本住宅以"轻钢结构和木结构别墅"为主，城市住宅以"钢结构或预制混凝土框架 + 预制外墙挂板"框架体系为主。日本装配式混凝土结构建筑如图 1-8 所示。

南斯拉夫塞尔维亚材料研究院的 Branko Zezely 教授建立了预制装配式整体预应力板柱体系（IMS 体系），利用该体系建造的房屋经历了 1969 年和 1981 年两次强烈地震的考验，表现出良好的抗震性能，目前已经在全世界多个国家和地区应用。

位于地震带上的新西兰，在 20 世纪 80 年代中期，利用预制混凝土框架结构技术建造大量民用住宅，发展了几种预制框架结构的连接形式，其中独具特色的是预制 T 型和双十字形节点构件。

法国、德国住宅以预制混凝土体系为主，钢、木结构体系为辅。多采用构件预制与混凝土现浇相结合的建造方式，注重保温节能特性。高层主要采用装配式混凝土框架结构体系，预制装配率达到 80%。

图 1-7　美国装配式混凝土结构建筑　　　图 1-8　日本装配式混凝土结构建筑

2010 年 10 月在葡萄牙里斯本举行了预制混凝土结构国际研讨会（PCS 2010），研讨会主题是"预制结构在世界上的应用与研究"，各国学者交流了预制装配式混凝土结构建筑的最新发展情况，讨论了预制结构在地震区的结构行为，以及预制结构在意外荷载下的抗连续倒塌性能。

1.2.2　国内装配式混凝土结构建筑的发展概况

我国预制混凝土结构建筑起源于 20 世纪 50 年代，早期受苏联预制混凝土建筑模式的影响，主要应用在工业厂房、住宅、办公楼等建筑领域。20 世纪 50 年代后期到 80 年代中期，绝大部分单层工业厂房都采用预制混凝土建造。80 年代中期以前，在多层住宅和办公建筑中也大量采用预制混凝土技术，主要结构形式有：装配式大板结构、盒子结构、框架轻板结构和叠合式框架结构。

20 世纪 70 年代后，我国政府提倡建筑要实现"三化"，即工厂化、装配化、标准化。在这一时期，预制混凝土结构在我国大陆地区发展迅速，在建筑领域被普遍采用，当时建造了几十亿平方米的工业和民用建筑。

20 世纪 70 年代末至 80 年代初，我国基本建立了以标准预制构件为基础的应用技术体系，包括以空心板等为基础的砖混住宅、大板住宅、装配式框架及单层工业厂房等技术体系。

20 世纪 80 年代中期以后，由于预制混凝土结构建筑成本控制过低、整体性差、防水性能差以及国家建设政策的改革和全国性劳动力密集型大规模基本建设的高潮迭起，最终使装配式结构的比例迅速降低，自此步入衰退期。据统计，我国装配式大板建筑的竣工面积从 1983—1991 年逐年下降，20 世纪 80 年代中期以后我国装配式大板厂相继倒闭，1992 年以后就很少采用了。

进入 21 世纪以后，由于预制部品部件的一些优点（如生产效率高、产品质量好、环境影响小），使它又重新受到重视。采用预制部品部件还可以改善工人劳动条件，这都有利于社会可持续发展。它的这些优点决定了预制建筑是未来建筑发展的一个必然方向。

近年来，我国有关预制混凝土结构的研究和应用有回暖的趋势，国内相继开展了一些预制混凝土节点和整体结构的研究工作。在工程应用方面，采用新技术的预制混凝土建筑也逐渐增多，如南京金帝御坊工程采用了预应力预制混凝土装配整体框架结构体系，大连 43 层的希望大厦采用了预制混凝土结合楼面，北京榆构等单位完成了多项公共建筑外墙挂板、预制体育场看台工程。2005 年之后，万科集团、远大住工集团等单位在借鉴国外及工程经验的基础上，从应用住宅预制外墙板开始，成功开发了具有中国特色的装配式剪力墙住宅结构体系。万科装配式剪力墙结构如图 1-9 所示，远大住工装配式剪力墙结构如图 1-10 所示。

图 1-9　万科装配式剪力墙结构图　　　　　　图 1-10　远大住工装配式剪力墙结构

我国台湾地区的装配式混凝土结构建筑的装配式结构节点连接构造和抗震、隔震技术的研究和应用都很成熟。装配框架梁柱、预制外墙挂板等构件应用广泛。

我国香港地区在 20 世纪 70 年代末采用标准化设计，自 1980 年以后采用了预制装配式体系。叠合楼板、预制楼梯、整体式 PC 卫生间、大型 PC 飘窗外墙被大量用于高层住宅公屋建筑中。厂房类建筑一般采用装配式框架结构或钢结构建造。

随着我国预制混凝土研究和应用工作的开展，预计在不远的将来预制混凝土将会迎来一个快速的发展时期。

1.3   装配式混凝土结构建筑的常见结构体系

从结构形式角度，装配式混凝土结构建筑主要有剪力墙结构、框架结构、框架-剪力墙结构、框架-核心筒结构、无梁板柱结构等结构体系。依据我国国情，目前应用最多的结构体系是装配整体式混凝土剪力墙结构体系，其次是装配整体式混凝土框架结构体系和框架-剪力墙结构体系。下面分别对这三种常见结构体系进行介绍。

1.3.1   装配整体式混凝土剪力墙结构体系

剪力墙结构体系在我国建筑市场中一直占据着重要地位，它以结构墙和分隔墙兼用，无梁、柱外露等特点得到市场的认可。近年来，装配式剪力墙结构发展非常迅速，应用量不断加大，不同形式、不同结构特点的装配式剪力墙结构建筑不断涌现，在北京、上海、天津、哈尔滨、沈阳、唐山、合肥、南通、深圳等城市中均有较大规模的应用。

　　最早出现的装配整体式混凝土剪力墙结构体系是装配式大板结构体系，随着装配式混凝土结构建筑的发展，多种装配式混凝土剪力墙结构体系逐步提出。目前，国内已经建立的装配式混凝土剪力墙结构体系有：叠合式混凝土剪力墙结构、全预制装配式混凝土剪力墙结构。

　　叠合式混凝土剪力墙结构（图1-11）是指采用叠合式的墙板和叠合式的楼板，并配合必要的现浇混凝土剪力墙、边缘构件、连梁、板等构件共同形成的装配整体式剪力墙结构。

　　全预制装配式混凝土剪力墙结构（图1-12）的内外墙全部采用预制墙板，楼板采用叠合楼板，预制剪力墙之间的接缝采用湿法连接，水平接缝处的钢筋可采用套筒灌浆连接、浆锚搭接连接和底部预留后浇区内钢筋搭接连接的形式。

图1-11　叠合式混凝土剪力墙结构　　　　　　图1-12　全预制装配式混凝土剪力墙结构

　　目前，国内采用装配整体式剪力墙结构体系的企业主要有：万科、中建、万融、宝业等。各企业的结构体系中，预制墙体竖向接缝的构造形式基本类似，均采用后浇混凝土区段来连接预制构件，墙板水平钢筋在后浇段内锚固或者连接，具体的锚固方式有些区别。这些体系的主要区别在于预制剪力墙构件水平接缝处竖向钢筋的连接技术以及水平接缝构造形式。预制墙体水平接缝钢筋连接形式可划分为以下几种：

　　1）竖向钢筋采用套筒灌浆连接，接缝采用灌浆料填实，这是目前应用量最大的技术体系。

　　2）竖向钢筋采用螺旋箍筋约束浆锚搭接连接，接缝采用灌浆料填实。

　　3）竖向钢筋采用金属波纹管浆锚搭接连接，接缝采用灌浆料填实。

　　4）套筒灌浆连接和浆锚搭接连接混合使用的技术体系。

　　典型项目：我国有大批高层住宅项目，它们位于各大中型城市。下面以合肥蜀山产业园公租房（图1-13）为例进行简单介绍：

　　项目名称：合肥蜀山产业园公租房。

　　项目地点：安徽省合肥市蜀山区雪霁北路。

　　建设单位：合肥市重点工程建设管理局。

　　设计单位：北京市建筑设计研究院有限公司。

　　深化设计单位：安徽海龙建筑工业有限公司、北京市建筑设计研究院有限公司。

图 1-13　合肥蜀山产业园公租房

施工单位：深圳中海建筑有限公司。

预制构件生产单位：安徽海龙建筑工业有限公司。

进展情况：已竣工。

该项目规划总用地 15.2517 万 m^2，用地规划为产业化公租房居住小区，建设时间为 2014 年—2016 年，总建筑面积 34 万 m^2。工程承包采用 EPC 模式。EPC（Engineering Procurement Construction）模式就是指公司受业主委托，按照合同约定对工程建设项目的设计、采购、施工、试运行等实行全过程或若干阶段的承包。通常公司在总价合同条件下，对其所承包工程的质量、安全、费用和进度负责。该项目运用装配整体式混凝土剪力墙结构，整体预制装配率为 63%，达到国内领先水平。

建筑主要功能包括：公租房、配套商业、物业服务、社区管理、地下车库、半地下车库及幼儿园。主要装配式建筑构件包括：预制夹心保温外墙板、预制内墙板、叠合楼板、预制阳台、预制楼梯等。装配式建筑技术支撑体系和装修一体化设计，整体提升了住宅建筑质量，实现了节地、节水、节能、节材目标，真正让住户享用到质优、价廉、安全、适用的公租房。

1.3.2　装配式混凝土框架结构体系

装配式混凝土框架结构体系是近年来发展起来的，相关技术主要参照日本鹿岛、前田等公司的技术体系，同时结合我国特点进行吸收和再研究而形成的。预制混凝土框架结构一般由预制柱、预制梁、预制楼板、预制楼梯等结构构件组成，该结构传力路径明确，装配效率高，现浇湿作业少，是最适合进行预制装配化的结构形式。

由于技术和使用习惯等原因，我国装配式框架结构的适用高度较低，适用于低层、多层和高度适中的高层建筑，其最大适用高度低于剪力墙结构或框架-剪力墙结构。在我国主要用于厂房、仓库、商场、停车场、办公楼、教学楼、医务处、商务楼等建筑，近年来也逐渐应用于居民住宅等民用建筑，这些建筑都要求具有开敞的大空间和相对灵活的室内布局，同时对于建筑总体的要求相对适中。

相对于其他装配式混凝土结构建筑体系，装配式混凝土框架结构的主要特点是：连接节点单一、简单，结构构件的连接可靠并容易得到保证，方便采用等同现浇的设计概念。框架结构布置灵活，容易满足不同的建筑功能需求；结合外墙板、内墙板及预制楼板或预制叠合楼板应用，预制率可以达到很高的水平，很适合装配式建筑发展。

目前，国内研究和应用的装配式混凝土框架结构按照构件形式及连接形式不同可大致分为以下两种：框架柱现浇，梁、楼板、楼梯等采用预制叠合构件或预制构件，是装配式混凝土框架结构的初级技术体系；在上述体系中采用预制框架柱，节点刚性连接，性能接近于现浇框架结构。

装配式混凝土框架结构的技术特点如下：

1）装配式混凝土框架结构的主要受力构件（如梁、柱、楼板、屋面板等）在工厂预制（生产），然后运到现场组装成整体结构。预制构件之间通过可靠的现浇节点连接在一起，能有效地保证建筑物的整体性和抗震性。

2）装配式框架结构可明显提高结构尺寸的精度和建筑的整体质量；结合成品内隔墙、外挂墙板及预制叠合楼板的使用，可显著减少模板和脚手架的用量，提高施工安全性；外围护墙体可实现保温、结构、装饰复合一体化生产，节能保温效果明显，保温系统的耐久性也得到极大提高。

3）装配式框架结构的构件通过标准化生产，结构和装修一体化设计，可减少资源浪费；房屋使用面积相对较高，节约土地资源；采用装配式建造，减少现场湿作业，降低施工噪声和粉尘污染，减少建筑垃圾和污水排放；施工速度快。

典型项目：福建建超集团有限公司建超服务中心 1 号楼工程；中国第一汽车集团有限公司装配式停车楼；南京万科上坊保障房 6-05 栋楼；南京汽车集团有限公司浦口生产基地 2 号涂装车间等。下面以南京汽车集团有限公司浦口生产基地 2 号涂装车间（图 1-14）为例进行简单介绍。

图 1-14 南京汽车集团有限公司浦口生产基地 2 号涂装车间效果图

项目名称：南京汽车集团有限公司浦口生产基地扩建项目。

项目地点：江苏省南京市高新技术产业开发区内浦泗路 18 号。

建设单位：南京汽车集团有限公司。

设计单位：机械工业第四设计研究院有限公司。

深化设计单位：机械工业第四设计研究院有限公司、宁波万斯达建筑科技有限公司。

施工单位：江苏启安建设集团有限公司。

预制构件生产单位：宁波万斯达建筑科技有限公司、江苏启安建设集团有限公司。

进展情况：整个扩建项目计划 2015 年 8 月 5 日开工、2016 年 8 月 31 日竣工。其中本案例介绍的扩建项目 2 号涂装车间已于 2016 年 6 月投入使用。

该项目是装配式混凝土框架结构工程，也是 EPC 总承包应用工程。柱现浇，梁全部预制，楼板 70% 预制，总预制率经估算为 55%。

本项目中预制预应力混凝土梁的生产利用项目周边堆场作为张拉台座，在工地制造预制梁构件，节省了构件运输成本及时间，同时因采用预制构件，可减少模板、脚手架用量 50% ~ 70%，整体工期节约 30%，人工按高峰期计算减少 65% ~ 70%。

1.3.3 装配整体式混凝土框架-剪力墙结构体系

装配整体式混凝土框架-剪力墙结构体系简称框架-剪力墙结构，是由框架和剪力墙共同承受竖向和水平荷载或作用的结构，兼有框架结构和剪力墙结构的特点，体系中剪力墙和框架布置灵活，较易实现大空间和较高的适用高度，可以满足不同建筑功能的要求，可广泛应用于居住建筑、商业建筑、办公建筑、工业厂房等，有利于用户个性化室内空间的改造。

当剪力墙在结构中集中布置形成筒体时，就成为框架-剪力墙结构，其主要特点是剪力墙布置在建筑平面核心区域，形成结构刚度和承载力较大的筒体作为第一道抗侧力体系，同时可作为竖向交通（楼梯、电梯间）及设备管井使用；框架结构布置在建筑周边区域，形成第二道抗侧力体系。外周框架和核心筒之间可以形成较大的自由空间，便于实现各种建筑功能要求，特别适合于办公、酒店、公寓、综合楼等高层和超高层民用建筑。

典型项目：浦江基地经济适用房项目（图 1-15）。

项目名称：大型居住社区浦江基地四期 A 块、五期经济适用房项目 2 标（05-02 地块）。

项目地点：上海市闵行区浦江镇浦星公路近鲁南路口。

开发单位：上海城建置业发展有限公司。

设计单位：上海市地下空间设计研究总院有限公司。

深化设计单位：上海市城市建设设计研究院总院（集团）有限公司。

施工单位：上海城建市政工程（集团）有限公司。

预制构件生产单位：上海城建物资有限公司。

进展情况：2015 年 12 月 21 日竣工验收。

本案例是上海市首个采用装配式混凝土结构建筑技术的保障房项目，项目总建筑面积 5.15 万 m²，项目的建筑单体层高分别为 14 层和 18 层，其中 25 ~ 28 号楼为 18 层、29 号楼为 14 层，均采用装配整体式框架-现浇剪力墙结构体系，预制率分别为 50% 和 70%。其中 29 号楼的预制率为 70%，采用的预制混凝土构件包括预制框架柱、框架梁和叠合梁、叠合楼板、叠合阳台板、预制混凝土外墙板和楼梯等。

图 1-15 浦江基地经济适用房项目

1.4 装配式混凝土结构建筑的发展意义与展望

1.4.1 装配式混凝土结构建筑的发展意义

1）提高工程质量和施工效率。通过标准化设计、工厂化生产、装配化施工，减少了人工操作量，降低了劳动强度，确保了构件质量和施工质量，从而提高了工程质量和施工效率。

2）减少资源、能源消耗以及建筑垃圾，保护环境。由于实现了构件生产工厂化，材料和能源消耗均处于可控状态；建造阶段消耗建筑材料和电力较少，施工扬尘和建筑垃圾大大减少。

3）缩短工期，提高劳动生产率。由于构件生产和现场建造在两地同步进行，建造、装修和设备安装一次完成，相比传统建造方式大大缩短了工期，能够适应目前我国大规模的城市化进程。

4）转变建筑工人身份，促进社会稳定、和谐。现代建筑产业减少了施工现场临时工的用工数量，并使其中一部分人进入工厂，变为产业工人，助推城镇化发展。

5）减少施工事故。与传统建筑相比，产业化建筑建造周期短、工序少、现场工人需求量小，可进一步降低发生施工事故的概率。

6）施工受气象因素影响小。产业化建造方式大部分构配件在工厂生产，现场基本为装配作业，且施工工期短，受降雨、大风、冰雪等气象因素的影响较小。

随着新型城镇化的稳步推进，人民生活水平不断提高，全社会对建筑品质的要求也越来越高。与此同时，能源和环境压力逐渐加大，建筑行业竞争加剧。装配式混凝土结构建筑对推动建筑业产业升级和发展方式转变，促进节能减排和民生改善，推动城乡建设走上绿色、可持续、低碳的科学发展轨道，实现经济社会全面、协调、可持续发展具有重大意义。

1.4.2　装配式混凝土结构建筑的发展展望

近年来，经过各级政府与企业的大力推进，装配式混凝土结构建筑在技术体系、技术标准、施工工法、工艺等方面取得了显著的进步。但与此同时，以装配式混凝土结构建筑为核心的新型建筑工业化也遇到了发展的瓶颈，一是要突破先期成本提高的瓶颈，企业在初期还没有完全掌握技术，没有专业队伍和熟练工人，没有建立现代化的企业管理模式；二是要突破管理体制上的瓶颈，建筑工业化的设计、生产、施工、监理等环节都将产生移位，主体责任范围都将发生变化，与现行的管理体制机制不适应，需要企业面对和政府协助解决；三是要突破企业管理运行机制上的瓶颈，传统的企业运行管理模式根深蒂固，各自为战、以包代管、层层分包的管理模式严重束缚了产业化的发展，必须要通过转型升级，才能建立新的发展模式；四是要突破生产活动中利益链的瓶颈，传统的生产方式早已形成了固有的利益链，而建筑工业化具有革命性，新的发展必须要打破原有的利益链，形成新的利益分享机制。

在现阶段，我国推进装配式建筑方面存在着以下主要问题：一是在政府层面重视出台政策，培育企业不足，近年来，各地出台了很多很好的政策措施和指导意见，但在推进过程中缺乏企业支撑，尤其对龙头企业的培育，提供的建设项目也缺乏对实施过程的总结、指导和监督；二是在企业层面重视技术研发，轻视管理创新，一些企业自发地开展产业技术的研发和应用，但忽视了企业的现代化管理制度和运行模式的建立，变成"穿新鞋走老路"；三是重视结构技术，轻视装修技术，重视主体结构装配技术的应用，缺乏对建筑装饰装修技术的开发应用，忽视了房屋建造全过程、全系统、一体化发展；四是重视成本因素，轻视综合效益，企业往往注重成本提高因素，忽视通过生产方式转变、优化资源配置、提升整体效益所带来的长远效益和综合效益。

在装配式混凝土结构建筑研究方面，我国虽然取得了显著的成果，但还不够深入和系统，主要存在着以下问题：一是已有结构体系主要针对住宅建筑，适用于公共建筑的装配式混凝土结构建筑体系亟待开发，此外在高性能高强混凝土和高强钢筋的应用技术、简化连接构造的装配整体式混凝土剪力墙体系以及适用于低层、多层装配式混凝土剪力墙体系等方面的研究工作较少；二是基于模数协调的装配整体式混凝土建筑标准化设计技术尚未形成，设计-制备-施工一体化的工业化建设设计技术有待开展专门的研究；三是标准化、模数化的预制混凝土构件产品体系尚未完全建立，高精度、规模化、自动化的预制构件生产装备以及保准化、快速化的绿色施工技术装备有待研制；四是基于 BIM（建筑信息模型）平台涵盖建筑工业化全过程的信息化技术体系尚未形成；五是现有技术标准仅针对住宅建筑，涵盖全产业链的建筑工业化技术标准体系亟待建立。

如何解决以上诸多问题，需要在以下两个层面进行：

从政府层面：一是要建立推进机制，加强宏观指导和协调工作。装配式建筑内涵丰富，涉及的行业和部门多，要统一认识、明确方向，建立协调机制，优化配置政策资源，统筹推进、协调发展。二是要遵循市场规律，不能盲目地用行政化手段推进，要让技术体系和管理模式在实践中逐步发展成熟，不能一哄而上，更不能急功近利，这才是健康发展之路。三是研究适合的管理体制、机制，这是可持续发展的保障。由于建筑工业化是生产方式变革，必然带来现有管理体制、机制的变化，尤其是相关主体责任范围的变化，现行的体制、机制如何适应新时期建筑产业现代化发展的要求，是当前亟待研究和解决的问题。四是培育龙头企业，发挥龙头企业的引领和带动作用。在发展初期，由于社会化程度不高、专业化分工尚未形成，只有通过培育龙头企业，建立以企业为主体的技术体系和工程总承包模式，才能使技术和管理模式走向成熟，从而带动全行业的发展。

从企业层面：一是积极加强技术创新，建立企业自主的技术体系和工法。积极结合扶持政策，大力开展技术创新，加快技术升级换代的步伐。技术和工法是企业发展的核心竞争力，谁在未来掌握了技术和工法，谁就掌握了市场，谁就能在新一轮变革中掌握先机，赢得主动。二是加强职业技术培训，建立职业技术培训长效机制。要实现建筑产业现代化离不开高素质的技术工人和专业技术人才。当前高素质的技术工人和专业技术人员奇缺，已成为发展的瓶颈，要积极结合社会力量和资源，大力开展职业技术培训工作，以适应未来市场对高素质劳动者和技能型人才的迫切要求。

本章小结

本章介绍了装配式建筑的基本知识，重点介绍了装配式混凝土结构建筑的发展概况，包括国内外装配式建筑发展情况以及装配式混凝土结构建筑的发展展望，主要对装配式混凝土结构建筑的常见结构体系进行了介绍，并给出了这些体系的案例解读。通过本章的学习，读者应该对装配式建筑尤其混凝土结构建筑有基本的认识，熟悉常见的几种装配式混凝土结构形式，了解未来装配式混凝土结构建筑发展趋势。

复习思考题

1. 简述装配式混凝土结构建筑的分类。
2. 装配式混凝土结构建筑有哪些优势？为什么要发展装配式混凝土结构建筑？
3. 装配式混凝土结构建筑的常见结构体系有几种？它们分别是什么？
4. 装配式混凝土结构建筑的发展遇到了哪些瓶颈？如何解决这些问题？

第 2 章　装配式混凝土结构全专业设计

内容提要

本章主要介绍装配式混凝土结构全专业设计，从装配式混凝土结构（简称 PC 结构）建筑设计概述、建筑设计、结构设计、装饰专业协同设计、机电各专业协同设计的内容等方面进行介绍，重点介绍了 PC 结构建筑设计工作内容。希望通过本章的学习，读者能够了解并掌握 PC 结构建筑设计阶段的工作内容及工作重点。

课程重点

1. 了解 PC 结构建筑设计的设计流程及各阶段设计内容。
2. 了解 PC 结构建筑设计的各专业协同设计内容。
3. 了解 PC 结构建筑结构常用结构体系与结构连接方式。

装配式建筑设计的重要作用在于实现"五化一体"（即设计标准化，生产工业化，施工装配化，装修一体化，管理信息化，开发技术、管理一体），全面提升建筑品质，降低建造和使用的成本。将施工阶段的问题提前至设计、生产阶段解决，将设计模式由面向现场施工转变为面向工厂加工和现场施工的新模式，要求我们运用产业化的目光审视原有的知识结构和技术体系，采用产业化的思维重新建立企业与专业之间的分工及合作，使研发、设计、生产、施工及装修形成完整的协调机制。

2.1　装配式混凝土结构建筑设计概述

2.1.1　PC 结构建筑设计内容

PC 结构建筑设计是一个有机的过程，"装配式"的概念应当伴随着设计全过程，需要建筑设计师、结构设计师和其他专业设计师合作与互动，需要设计人员与构件生产厂家、安装施工单位的技术人员密切合作与互动。PC 结构建筑设计是具有高度衔接性、互动性、集合性和精细性的设计过程，会面对一些新的课题和挑战。

1. 设计前期

工程设计尚未开始时，关于装配式的分析就应当先行。设计者首先需要对项目是否适合做装配式建筑进行定量的技术经济分析，对约束条件进行调查，判断是否有条件做装配式建筑，得出结论。

2. 方案设计阶段

在方案设计阶段，建筑师和结构师需根据 PC 结构建筑的特点和有关规范的规定确定方案。方案设计阶段关于装配式的设计内容包括：

1）确定建筑风格、造型、质感时分析判断装配式结构建筑的影响和实现可能性。例如，PC 结构建筑不适宜造型复杂且没有规律的立面；无法提供连续的无缝建筑表皮等。

2）确定建筑高度时考虑装配的影响。

3）确定建筑形体时考虑装配的影响。

4）一些地方政府在土地"招拍挂"（使用权出让方式：招标、拍卖、挂牌）时设定了预制率的刚性要求，建筑师和结构师在方案设计时需考虑实现这些要求的做法。

3. 施工图设计阶段

（1）建筑设计　在施工图设计阶段，建筑设计关于装配式的内容包括以下几点：

1）与结构工程师确定预制范围，确定哪些楼层及哪些部分预制。

2）设定建筑模数，确定模数协调原则。

3）在进行平面布置时考虑装配式结构建筑的特点和要求。

4）在进行立面设计时考虑装配式结构建筑的特点，确定立面拆分原则。

5）依照装配式建筑特点与优势设计表皮造型和质感。

6）进行外围护结构建筑设计，尽可能实现建筑、结构、保温、装饰一体化。

7）设计外围护 PC 结构构件接缝防水防火沟。

8）根据门窗、装饰、厨卫、设备、电源、通信、避雷、管线、防火等专业或环节的要求，进行建筑构造设计和节点设计，与构件设计对接。

9）将各专业对建筑构造的要求汇总等。

（2）结构设计　施工图设计阶段，结构设计关于装配式建筑的内容包括以下几点：

1）与建筑师确定预制范围，确定哪些楼层及哪些部分预制。

2）因应用装配式结构而附加或变化的作用与作用分析。

3）对构件接缝处水平抗剪能力进行计算。

4）因应用装配式结构所需要进行的结构加强或改变。

5）因应用装配式结构所需要进行的构造设计。

6）依据等同原则和规范确定拆分原则。

7）确定连接方式，进行连接节点设计，选定连接材料。

8）对夹心保温构件进行拉结节点布置、外叶板结构设计和拉结件结构计算，选择拉结件。

9）对 PC 结构构件承载力和变形进行验算。

10）将建筑和其他专业对 PC 结构构件的要求集成到构件制作图中。

（3）其他专业设计　给水、排水、暖通、空调、设备、电气、通信等专业须将与装配式结构有关的要求，准确定量地提供给建筑师和结构师。

（4）拆分设计与构件设计　结构拆分和构件设计是结构设计的一部分，也是装配式结构设计非常重要的环节，拆分设计人员应在结构设计师的指导下进行拆分，应由结构设计师和项目设计单位审核签字，承担设计责任。

拆分设计与构件设计内容包括以下几点：

1）依据规范，按照建筑和结构设计要求和制作、运输、施工的条件，结合制作、施工的便利性和成本因素，进行结构拆分设计。

2）设计拆分后，确定连接方式、连接节点、出筋长度、钢筋的锚固和搭接方案等；确定连接件材质和质量要求。

3）进行拆分后的构件设计，包括形状、尺寸、允许误差等。

4）对构件进行编号，构件有任何不同，编号都要有区别，每一类构件有唯一的编号。

5）设计预制混凝土构件制作和施工安装阶段所需的脱模、翻转、吊运、安装、定位等吊点和临时支撑体系等，确定吊点和支撑位置，进行强度、裂缝和变形验算，设计预埋件及其锚固方式。

6）设计 PC 结构构件存放、运输的支撑点位置，提出存放要求。

（5）其他设计 装配式混凝土结构建筑的其他设计包括制作工艺设计、模具设计、产品保护设计、运输装车设计和施工工艺设计，由 PC 结构构件工厂和施工安装单位负责，其中模具还需要专业模具厂家负责或参与设计。

2.1.2 设计依据与原则

PC 结构建筑设计首先应当依据国家标准、行业标准和项目所在地的地方标准。

由于我国装配式建筑设计处于起步阶段，有关标准还不完善，覆盖范围有限，有些规定也不够具体、明确，远不能适应大规模开展装配式建筑的需求，许多创新的设计也不可能从规范中找到相应的规定。所以，PC 结构建筑设计还需要借鉴国外成熟的经验，进行试验以及请专家论证等。

PC 结构建筑设计尤其需要设计、制作和施工环节的互动和各专业的衔接。

1. 设计依据

PC 结构建筑设计除了要执行混凝土结构建筑有关国家标准外，还应当执行关于装配式混凝土建筑的现行行业标准《装配式混凝土结构技术规程》（JGJ 1—2014）。

北京市、上海市、重庆市、辽宁省、黑龙江省、江苏省、四川省、安徽省、湖南省、山东省、湖北省等地都制定了关于装配式混凝土结构的地方标准。与 PC 结构建筑有关的国家标准、行业标准和地方标准目录见附录。

中国建筑设计标准研究院，北京市、上海市、辽宁省等地方还编制了装配式混凝土结构标准图集。

2. 创新设计依据原则

（1）借鉴国外优秀设计经验 欧美、日本以及新加坡等国家有多年 PC 结构建筑经验，尤其是日本，许多超高层 PC 结构建筑经历了多次大地震的考验。对于国外成熟的经验，特别是设计细节，宜采取借鉴方式，但应配合相应的试验和专家论证。

（2）试验原则 PC 结构建筑在我国的应用经验不多。国外 PC 结构建筑的经验主要是框架、框架-剪力墙和筒体结构，高层剪力墙结构的经验很少。目前，装配式建筑的一些配件和配套材料国内也处于开发阶段，因此试验显得尤为重要。如果设计中采用了新技术和新材料，对于结构连接等关键环节，应基于试验获得的可靠数据进行设计。

（3）专家论证 当设计超出国家标准、行业标准或地方标准的规定时，必须进行专家审查。在采用规范没有规定的结构技术和重要材料时，也应进行专家论证。在建筑结构和重要施工功能问题上，审慎是非常重要的。

（4）设计、制作、施工的沟通互动　PC 结构建筑设计人员与 PC 结构工厂和施工安装单位技术人员进行沟通互动，了解制作和施工环节对设计的要求和约束条件。沟通内容如PC 结构构件制作和施工需要的预埋件（包括脱模、翻转、安装、临时支撑、调节安装高度、后浇筑模板固定、安全护栏固定等预埋件）；这些预埋件设置在什么位置合适，如何锚固，会不会与钢筋、套筒、箍筋太近影响混凝土浇筑，会不会因为位置不当导致构件开裂，如何防止预埋件应力集中产生裂缝等。设计师只有与制作厂家和施工单位技术人员互动才能给出安全可靠的设计。

2.1.3　设计质量要点

PC 结构建筑的设计涉及结构方式的重大变化和各个专业各个环节的高度契合，对设计深度和精细程度要求高，一旦设计出现问题，在构件制作及施工阶段会造成重大损失，也会延误工期。PC 结构建筑不同于现浇建筑，不能在现场临时修改或返工，因此必须保证设计精度、细度、深度、完整性，必须保证不出错，保证设计质量。

保证设计质量的要点包括以下内容：

1）设计开始就建立统一协调的设计机制，由富有经验的建筑师和结构师负责协调衔接各个专业。

2）列出与装配式建筑有关的设计和衔接清单，避免漏项。

3）列出与装配式建筑有关设计的关键点清单。

4）制定装配式建筑设计流程。

5）对不熟悉装配式建筑设计的人员进行培训。

6）与装配式建筑有关的各个专业参与拆分后的构件制作图校审。

7）落实设计责任。

8）应使用 BIM 系统。

2.2　建筑设计

PC 结构建筑在实现建筑功能方面与现浇混凝土结构建筑有些不同，建筑风格也有自身的规律和特点，某些方面受到一定的约束，建筑设计中要综合考虑这些不同、规律、特点和约束。

PC 结构建筑的建筑设计应以实现建筑功能为第一原则，装配式结构的特殊性必须服从建筑功能，不能牺牲或削弱建筑功能去服从装配式结构。

PC 结构建筑设计比现浇混凝土结构建筑更需要各专业密切协同，有些部分应实现集成化和一体化，设计须深入细致，有时候还需要面对新的课题。

2.2.1　PC 结构建筑模数化

1. 模数化对 PC 结构建筑的意义

模数化对 PC 结构建筑尤为重要，是建筑部品制造实现工业化、机械化、自动化和智能化的前提，是正确和精确装配的技术保障，也是降低成本的重要手段。

以剪力墙板制作为例，目前影响剪力墙板制作实现自动化的最大困难是变化多样的伸出钢筋。如果通过模数化设计使剪力墙的规格、厚度、伸出钢筋间距和保护层厚度简化为有规律的几种情况，剪力墙出钢筋边模可以做成几种定型的规格，就可以便利地实现边模组装自动化，如此可以大大提高流水线效率，降低模具成本和制作成本。

模具在 PC 结构构件制作中占成本比重较大。模具或边模大多是钢或其他金属材料，可周转几百次、上千次，甚至更多，可实际工程一种构件可能只做几十个，模具实际周转次数过少，加大了无效成本。模数化设计可以使不同工程、不同规格的构件共用或方便地改用模具。

PC 结构建筑"装配"是关键，保证精确装配的前提是确定合适的公差，也就是允许误差，包括制作公差、安装公差和位形公差。位形公差是指在物理、化学作用下，建筑部件或分部件所产生的位移和变形的允许公差。墙板的温度变形就属于位形公差。设计中还需要考虑"连接空间"，即安装时为保证与相邻部件或分部件之间的连接所需要的最小空间，也称空隙，如 PC 结构外挂墙板之间的空隙。给出合理的公差和空隙是模数化设计的重要内容。

PC 结构建筑的模数化就是在建筑设计、结构设计、拆分设计、构件设计、构件装配设计、一体化设计和集成化设计中，采用模数化尺寸，给出合理公差，实现建筑、建筑的一部分和部件尺寸与安装位置的模数协调。

2. 建筑模数的基本概念与要求

（1）模数 模数是选定的尺寸单位，作为尺寸协调中的增值单位。例如，以 100mm 为建筑层高模数，建筑层高的变化就以 100mm 为增值单位，设计层高有 2.8m、2.9m，而不是 2.84m、2.96m 等。

（2）模数协调 模数协调是应用模数实现尺寸、协调及安装位置的方法和过程。

（3）建筑基本模数 建筑基本模数是模数协调中的基本尺寸单位，用 M（模）表示。建筑设计的基本模数为 100mm，也就是 1M 等于 100mm，建筑物、建筑的一部分和建筑构件的模数化尺寸，应当是 100mm 的倍数。

以 300mm 为跨度变化模数，跨度的变化就是以 300mm 为增量单位，设计跨度有 3m、3.3m、4.2m、4.5m，而没有 3.12m、4.37m、5.89m 等。

（4）扩大模数和分模数 由基本模数可以导出扩大模数和分模数。

扩大模数是基本模数的整数倍数，扩大模数基数应为 2M、3M、6M……前面举的例子层高的模数是基本模数 M，跨度的模数则是扩大模数，为 3M。

分模数是基本模数的整数分数。分模数基数应为 M/10、M/5、M/2，也就是 10mm、20mm、50mm。

3. PC 结构建筑模数化设计的目标

PC 结构建筑模数化设计的目标是实现模板协调，具体目标包括以下几点：

1）实现建筑制造施工各个环节和建筑、结构、装饰、水暖电各个专业的互相协调。

2）对建筑各部位尺寸进行分割，并确定各个一体化部件、集成化部件、PC 结构构件的尺寸和边界条件。

3）尽可能实现部品、部件和配件的标准化，如用量大的叠合楼板、预应力叠合楼板、剪力墙外墙板、剪力墙内墙板、楼梯板等板式构件。优选标准化方式，使得标准化部件的种类最优。

　　4）有利于部件、构件的互换性，模具的共用性和可修改性。

　　5）有利于建筑部件、构件的定位和安装，协调建筑部件与功能空间之间的尺寸关系。

　　4. PC 结构建筑模数化设计主要工作

　　PC 结构建筑模数化设计的工作包括以下内容：

　　（1）贯彻国家标准　按照国家标准《建筑模数协调标准》（GB/T 50002—2013）进行设计。

　　（2）设定模数网络　结构网格宜采用扩大模数网格，且优先尺寸应为 $2n$M、$3n$M 模数系列。

　　装修网格宜采用基本模数网格或分模数网格。

　　隔墙、固定橱柜、设备、管井等部件宜采用基本模数网格，构造做法、接口、填充件等分部件采用分模数网格，分模数的优先尺寸应为 M/2、M/5。

　　（3）将部件设计在模数网格内　将每一个部件（包括预制混凝土构件、建筑、结构、装饰一体化构件和集成化构件）都设计在模数网格内，部件占用的模数空间尺寸应包括部件尺寸、部件公差以及技术尺寸所需要的空间。技术尺寸是指模数尺寸条件下，非模数尺寸或生产过程中出现误差时所需的技术处理尺寸。

　　1）确定部件尺寸。部件尺寸包括：标志尺寸、制作尺寸和实际尺寸。

　　标志尺寸是指符合模数数列的规定，用以标注建筑物定位线和基准面之间的垂直距离以及建筑部件、建筑分部件、有关设备安装基准面之间的尺寸。

　　制作尺寸是指制作部件和分部件所依据的设计尺寸，是依据标志尺寸减去空隙和安装公差、位形公差后的尺寸。

　　实际尺寸则是部件、分部件等生产制作后的实际测得的尺寸，是包括制作误差的尺寸。

　　设计者应当根据标志尺寸确定构件尺寸，并给出公差，即允许误差。

　　2）确定部件定位方法。部件或分部件的定位方法包括中心线定位法、界面定位法或两者结合的定位法。

　　对于主体结构部件的定位，采用中心线定位法或界面定位法。

　　对于梁、柱、承重墙的定位，宜采用中心定位法。

　　对于楼板及屋面板的定位，宜采用界面定位法，即以楼面定位。

　　对于外挂墙板的定位，应采用中心线定位法和界面定位法结合的方法。板的上下和左右位置，按中心线定位，力求减少缝的误差；板的前后位置按界面定位，以求外墙表面平整。

　　在节点设计时考虑安装顺序和安装的便利性。

2.2.2　PC 结构建筑设计流程

　　装配式混凝土结构建筑设计应考虑实现标准化设计、工厂化生产、装配化施工、一体化装修和信息化管理，可以全面提升住宅品质，降低住宅建造和维护的成本。与采用现浇混凝土剪力墙结构的建设流程相比，装配式混凝土结构住宅的建设流程更全面、更精细、更综合，增加了技术策划、工厂生产、一体化装修等过程，现浇式建设流程如图 2-1 所示，装配式建筑建设流程如图 2-2 所示。

　　影响装配式混凝土结构建筑实施的因素有技术水平、生产工艺、生产能力、运输条件、管理水平、建设周期等方面。在项目前期技术策划中应根据产业化目标、工业水平和施工能

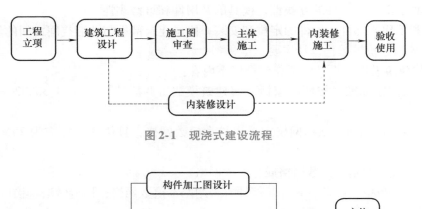

图2-1 现浇式建设流程

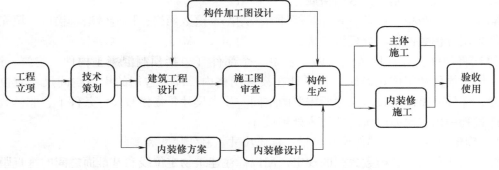

图2-2 装配式建筑建设流程

力以及经济性等要求确定适宜的预制率。预制率在装配式建筑中是比较重要的控制性指标（预制率是指工业化建筑室外地坪以上主体结构和围护结构中预制部分的混凝土用量占对应构件混凝土总用量的体积比）。

装配式混凝土结构建筑设计，应在满足住宅使用功能的前提下，实现套型的标准化设计，以提高构件与部品的重复使用率，有利于降低造价。在装配式混凝土结构建筑的建设流程中，需要建设、设计、生产、施工和管理等单位精心配合，协同工作。在方案设计阶段之前应增加前期技术策划环节，为配合 PC 结构构件的生产加工，应增加 PC 结构构件加工图样设计内容。装配式混凝土结构建筑设计流程如图 2-3 所示。

在装配式混凝土结构建筑设计中，前期技术策划对项目的实施起到十分重要的作用，设计单位应在充分了解项目定位、建设规模、产业化目标、成本限额、外部条件等影响因素，制定合理的建筑设计方案，提高预制构件的标准化程度，并与建设单位共同确定技术实施方案，为后续的设计工作提供依据。

在方案设计阶段，应根据技术策划要点做好平面设计和立面设计。平面设计在保证满足使用功能的基础上，实现建筑设计的标准化与系列化，遵循"少规格、多组合"的设计原则。立面设计宜考虑构件生产加工的可能性，根据装配式建造方式的特点实现立面的个性化和多样化。

初步设计阶段应根据各专业的技术要求协同设计。优化 PC 结构构件种类，充分考虑设备专业管线预留预埋，可进行专项的经济性评估，分析影响成本的因素，制定合理的技术措施。

施工图设计阶段应按照各专业的初步设计阶段制定的协同设计条件开展工作。各专业根

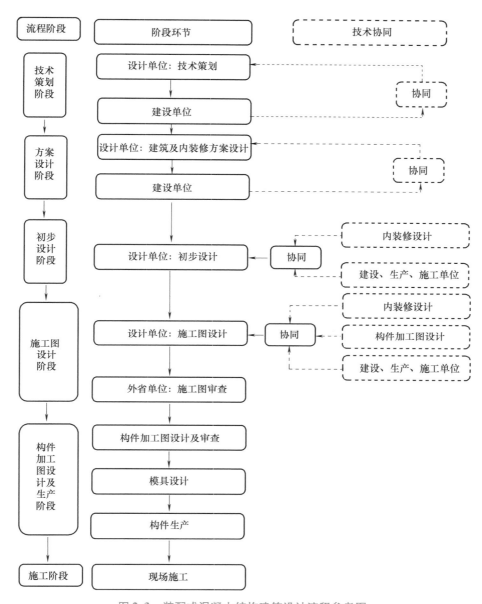

图 2-3 装配式混凝土结构建筑设计流程参考图

据 PC 结构构件、内装部品、设备设施等生产企业提供的设计参数，在施工图中充分考虑各专业预留预埋要求。建筑专业还应考虑连接节点处的防水、防火、隔声等设计。

建筑专业可根据工程需要为构件加工图设计提供 PC 结构构件尺寸控制图，构件加工图设计可由设计单位与 PC 结构构件生产企业等配合设计完成。建筑设计可采用 BIM 技术，协同完成各专业设计内容，提高设计精确度。

2.2.3 PC 建筑平面设计

1. 总平面设计

装配式混凝土结构建筑的规划设计在满足采光、通风、间距、退线等规划要求的情况下，宜优先采用由套型模块组合的建筑单元进行规划设计。

由于 PC 结构构件需要在施工过程中运至塔式起重机所覆盖的区域内进行吊装，因此在总平面设计中应充分考虑运输通道的设置，合理布置 PC 结构构件临时堆场的位置与面积，选择适宜的塔式起重机位置和吨位，塔式起重机位置的最终确定应根据现场施工方案进行调整，以达到精确控制构件运输环节，提高场地使用效率，确保施工组织便捷及安全。以安全、经济、合理为原则考虑施工组织流程，保证各施工工序的有效衔接，提高效率。

2. 建筑平面设计

装配式混凝土结构建筑平面设计应遵循模数协调原则，优化平面模块的尺寸和种类，实现 PC 结构构件和内装部品的标准化、系列化和通用化，完善住宅产业配套应用技术，提升工程质量，降低建造成本。

在方案设计阶段，应对建筑空间按照不同的使用功能进行合理划分，结合设计规范、项目定位及产业化目标等要求，确定模块及其组合形式。

宜选用大空间的平面布局方式，合理布置承重墙及管井位置，实现建筑空间的灵活性、可变性，各功能空间分区明确、布局合理。

平面形状从抗震和成本两个方面考虑，PC 结构建筑平面形状以简单为好，开间进深过大的形状对抗震不利；平面形状复杂的建筑，PC 结构构件种类多，会增加成本。

世界各国 PC 结构建筑的平面形状以矩形居多。例如，日本 PC 结构建筑主要是高层和超高层建筑，以方形和矩形为主，个别也有"Y"字形，方形的点式建筑最多。对超高层建筑而言，方形或接近方形是结构最合理的平面形状。建筑平面布局规则，如图 2-4 所示。

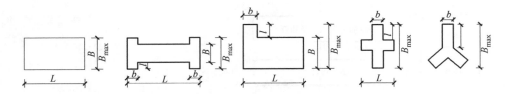

抗震设防烈度	L/B	l/B_{max}	l/b
6度、7度	≤6.0	≤0.35	≤2.0
8度	≤5.0	≤0.30	≤1.5

图 2-4   建筑平面布局规则

2.2.4   PC 结构建筑立面设计

装配式混凝土结构建筑的立面设计应利用标准化、模块化、系列化的套型组合特点，预制外墙板可采用不同饰面材料展现不同肌理与色彩的变化，通过不同外墙构件的灵活组合，实现富有工业化建筑特征的立面效果。

装配式混凝土结构建筑的外墙构件主要包括装配式混凝土外墙板、门窗、阳台、空调板和外墙装饰构件等。充分发挥装配式混凝土结构建筑外墙构件的装饰作用，进行立面多样化设计。

立面装饰材料应符合设计要求，预制外墙板宜采用工厂预涂刷涂料、装饰材料反打、肌理混凝土等一体化装饰的生产工艺。当采用反打一次成型的外墙板时，其装饰材料的规格尺寸、材质类别、连接构造等应进行检验，以确保质量。

外墙门窗在满足通风采光的基础上，通过调节门窗尺寸、位置、虚实比例以及窗框分隔形式等设计手法形成一定的灵活性；通过改变阳台、空调板的位置和形状，可使立面具有较大的可变性；通过附加装饰构件的方法可实现多样化立面设计效果，满足建筑立面风格差异化的要求。

2.2.5　PC 结构建筑 PC 结构构件设计

PC 结构构件设计应充分考虑生产的便利性、可行性以及成品保护的安全性。当构件尺寸较大时，应增加构件脱模及吊装用的预埋吊点的数量。

PC 结构构件的设计应遵循标准化、模数化原则。应尽量减少构件类型，提高构件标准化程度，降低工程造价。对于开洞多、异形、降板等复杂部位可进行具体设计。注意 PC 结构构件重量及尺寸，综合考虑项目所在地区构件加工生产能力及运输、吊装等条件。

预制外墙板应根据不同地区的保温隔热要求选择适宜的构造，同时考虑空调留洞及散热器安装预埋件等安装要求。

非承重内墙宜选用自重轻、易于安装、拆卸且隔声性能良好的隔墙板等。可根据使用功能灵活分隔室内空间，非承重内墙板与主体结构的连接应安全可靠，满足抗震及使用要求。用于厨房及卫生间等潮湿空间的墙体面层应具有防水、易清洁的性能。内隔墙板与设备管线、卫生洁具、空调设备及其他构件的安装连接应牢固。

装配式混凝土结构建筑的楼盖宜采用叠合楼板，结构转换层、平面复杂或开间较大的楼层、作为上部结构嵌固部位的地下楼层宜采用现浇楼盖。楼板与楼板、楼板与墙体间的接缝应保证结构安全性。

叠合楼板应考虑设备管线、吊顶、灯具安装点位的预留、预埋，以满足设备专业的要求。空调室外机搁板宜与预制阳台结合设置。阳台应确定栏杆留洞、预埋线盒、立管留洞、地漏等的准确位置。

预制楼梯应确定扶手栏杆的留洞及预埋，楼梯踏面的防滑构造应在工厂预制时一次成型，且采取成品保护措施。

2.2.6　PC 结构建筑构造节点设计

PC 结构构件连接节点的构造设计是装配式混凝土结构建筑的设计关键。预制外墙板的接缝、门窗洞口等防水薄弱部位的构造节点与材料选用应满足建筑的物理性能、力学性能、耐久性能及装饰性能的要求。

预制外墙板的各类接缝设计应满足构造合理、施工方便、坚固耐久的要求，应根据工程实际情况和所在气候区等，合理进行节点设计，满足防水及节能要求。

预制外墙板垂直缝宜采用材料防水和构造防水相结合的做法，可采用槽口缝或平口缝；预制外墙板水平缝采用构造防水时宜采用企口缝或高低缝。

预制外墙板的连接节点应满足保温、防火、防水以及隔声的要求，外墙板连接节点处的密封胶应与混凝土具有相容性及规定的抗剪切和伸缩变形能力，采用硅酮、聚氨酯、聚硫建筑密封胶应分别符合《硅酮和改性硅酮建筑密封胶》（GB/T 14683—2017）、《聚氨酯建筑密封胶》（JC/T 482—2003）、《聚硫建筑密封胶》（JC/T 483—2006）的规定，连接节点处的密封材料在建筑使用过程中应定期进行检查、维护与更新。

外墙板接缝宽度应考虑热胀冷缩及风荷载、地震作用等外界环境因素的影响。预制外墙板上的门窗安装应确保连接的安全性、可靠性及密闭性。

装配式混凝土结构建筑的外围护结构热工计算应符合国家建筑节能设计标准的相关要求，当采用预制夹心外墙板时，其保温层宜连续，保温层厚度应满足项目所在地区建筑围护结构节能设计要求。

预制夹心外墙板中的保温材料及接缝处填充用保温材料的燃烧性能、导热系数及体积比吸水率等应符合现行国家标准《装配式混凝土结构技术规程》（JGJ 1—2014）的规定。

2.3　结构设计

装配式混凝土结构有自身的结构特点，不是按现浇混凝土结构设计完后进行延伸与深化，也不是结构拆分和 PC 结构构件设计，更不是全新的结构体系。根据装配式建筑发展需要有一些区别于现浇混凝土结构的特点和规定，须从结构设计开始就贯彻落实，并贯穿整个结构设计过程。

2.3.1　PC 结构建筑结构的定义

1. 装配式混凝土结构

根据行业标准《装配式混凝土结构技术规程》（JGJ 1—2014）的定义，装配式混凝土结构是由预制混凝土构件通过可靠的连接方式装配而成的混凝土结构，包括装配整体式混凝土结构、全装配混凝土结构等。这个定义给出了装配式建筑的两个核心特征：预制混凝土构件；可靠的连接方式。

2. 装配整体式混凝土结构

装配整体式混凝土结构是指由预制混凝土构件通过可靠的方式进行连接并与现场后浇混凝土、水泥基灌浆料形成整体的装配式混凝土结构。装配式整体式混凝土结构的连接以"湿连接"为主要方式。

装配整体式混凝土结构具有较好的整体性和抗震性。目前大多数多层和全部高层装配式混凝土结构建筑采用装配整体式混凝土结构，有抗震要求的低层装配式建筑也多为装配整体式混凝土结构。

3. 全装配混凝土结构

全装配混凝土结构预制混凝土构件靠干法连接（如螺栓连接、焊接等）形成整体性。

国内许多预制钢筋混凝土柱单层厂房就属于全装配混凝土结构。

国外一些低层建筑或非抗震地区的多层建筑采用全装配混凝土结构。

2.3.2　PC 结构建筑结构设计内容

PC 结构建筑结构设计需从一开始就贯彻落实，并贯穿整个结构设计过程，而不是之后的延伸或深化设计所能解决的。PC 结构建筑的结构设计主要包括的工作内容有以下几点：

1) 根据建筑功能需要、项目环境条件、装配式行业标准或地方标准的规定和装配式结构的特点，选定适宜的结构体系，即确定建筑是框架结构、框架-剪力墙结构、筒体结构还是剪力墙结构。

2) 根据装配式行业标准或地方标准的规定和已经选定的结构体系，确定建筑最大适用高度和最大高宽比。

3) 根据建筑功能需要、项目约束条件（如政府对装配率、预制率的刚性要求）、装配式建筑行业标准或地方标准的规定和所选定的结构体系的特点，确定装配式结构范围，如哪一层、哪一部分，或哪些构件预制。

4) 在进行结构分析、荷载与作用组合和结构计算时，根据装配式建筑行业标准或地方标准的要求，将不同于现浇混凝土结构的有关规定，如抗震的有关规定、附加的承载力计算、有关系数的调整等，输入计算过程或程序，体现到结构设计的结果上。

5) 进行结构拆分设计，选定可靠的结构连接方式，进行连接节点和后浇混凝土区的结构构造设计，设计结构构件装配图。

6) 对需要进行局部加强的部位进行结构构造设计。

7) 与建筑专业确定哪些部件实行一体化，对一体化构件进行结构设计。

8) 进行独立 PC 结构构件设计，如楼梯板、阳台板、遮阳板等构件。

9) 进行拆分后的 PC 结构构件结构设计，将建筑、装饰、水暖电等专业需要在 PC 结构构件中埋设的管线、预埋件、预埋物、预留沟槽，连接需要的粗糙面和键槽要求，制作、施工环节需要的预埋件等，无一遗漏地汇集到构件制作图中。

10) 当建筑、结构、保温、装饰一体化时，应在结构图样上表达其他专业的内容。

11) 对 PC 结构构件制作、脱模、翻转、存放、运输、吊装、临时支撑等各个环节进行结构复核，设计相关的构造等。

2.3.3　PC 结构建筑结构体系

一般而言，任何结构体系的钢筋混凝土建筑，如框架结构、框架-剪力墙结构、筒体结构、剪力墙结构、部分框支剪力墙结构、无梁板结构等，都可以实现装配式。但是，有的结构体系更适宜实现，有的结构体系实现起来则比较勉强；有的结构体系技术已经成熟，有的结构体系的应用则正在摸索之中。下面分别介绍各种结构体系应用的装配式适宜性。

1. 框架结构

框架结构是由柱、梁为主要构件组成的承受竖向和水平作用的结构。框架结构是空间刚性连接的杆系结构框架结构平面图如图 2-5 所示。

目前框架结构的柱网尺寸可做到 12m，可形成较大的无柱空间，平面布置灵活，适用于办公、商业、公寓和住宅。

在我国，框架结构较多地用于办公楼和商业建筑，住宅用得比较少。

框架结构最主要的问题是高度受到限制，按照我国现行规范，现浇混凝土框架结构无抗震设计时最大建筑适用

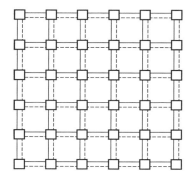

图 2-5　框架结构平面示意图

高度为70m，有抗震设计时根据设防烈度高度为35~60m。PC框架结构的适用高度与现浇结构基本一样，只有8度（0.3g）地震设防时低了5m。

国外多层和小高层PC结构建筑大都是框架结构，框架结构的PC结构技术比较成熟。

装配整体式框架结构的结构构件包括柱、梁、叠合梁、柱梁一体构件和叠合楼板等，还有外墙挂板、楼梯、阳台板、挑檐板、遮阳板等。多层和低层框架结构有主板一体化构件，板边缘是暗柱。

装配整体式框架结构的连接，柱子和梁采用套筒连接，楼板为叠合楼板或预应力叠合楼板。

框架PC结构建筑的外围护结构采用PC结构外墙挂板，直接用结构柱、梁与玻璃窗组成围护结构，或用带翼缘的结构柱、梁与玻璃窗组成围护结构。多层建筑外墙和高层建筑凹入式阳台的外墙也可用ALC墙板。

2. 框架-剪力墙结构

框架-剪力墙结构是由柱、梁和剪力墙共同承受竖向和水平作用的结构。由于在结构框架中增加了剪力墙，弥补了框架结构侧向位移大的缺点；又由于只在部分位置设置剪力墙，不失框架结构空间布置灵活的优点。框架-剪力墙结构平面示意图如图2-6所示。

框架-剪力墙结构的建筑适用高度比框架结构大大提高了。无抗震设计时最大适用高度为150m，有抗震设计时根据设防烈度高度为80~130m。PC结构框架-剪力墙结构，在框架部分为装配式、剪力墙部分为现浇的情况下，最大使用高度与现浇框架-剪力墙结构完全一样。框架-剪力墙结构多用于高层和超高层建筑。

装配整体式框架-剪力墙结构，现行行业标准要求剪力墙部分现浇。

框架-剪力墙结构框架部分的装配整体式与框架结构装配整体式一样，构件类型、连接方式和外围护做法没有区别。

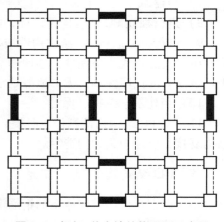

图2-6　框架-剪力墙结构平面示意图

3. 筒体结构

筒体结构是由竖向筒体为主组成的承受竖向和水平作用的建筑结构，筒体结构的筒体分剪力墙围成的薄壁筒和由密柱框架或壁式框架围成的框筒等。

筒体结构包括框架核心筒结构和筒中筒结构等，框架核心筒结构为由核心筒和外围稀疏框架组成的筒体结构，筒中筒结构是由核心筒与外部框筒组成的筒体结构。筒体结构平面示意图如图2-7所示。

筒体结构相当于固定于基础的封闭箱型悬臂构件，具有良好的抗弯、抗扭性，比框架结构、框架-剪力墙结构和剪力墙结构具有更高的强度和刚度，可以用于更高的建筑。

4. 剪力墙结构

剪力墙结构是由剪力墙组成的承受竖向和水平作用的结构，剪力墙与楼板一起组成空间体系。

剪力墙结构没有梁、柱凸入室内空间的问题，但墙体的分布使空间受到限制，无法做成

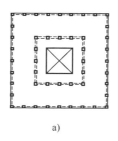
a)

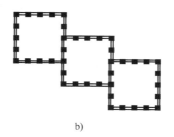
b)

图 2-7　筒体结构平面示意图

a）筒中筒　b）连续筒体

大空间，适用于住宅和旅馆等隔墙较多的建筑。

现浇剪力墙结构建筑的高度无抗震设计时最大适用高度为 150m，有抗震设计时依据设防烈度高度为 80～140m。与现浇框架剪力墙结构基本一样，仅 6 度设防时比框架-剪力墙结构高了 10m，装配整体式剪力墙结构高度比现浇结构低了 10～20m。

剪力墙结构 PC 结构建筑在国外非常少，高层建筑几乎没有，没有可借鉴的装配式理论和经验。国内多层和高层剪力墙结构的住宅很多，目前装配式结构建筑大都是剪力墙结构，就装配式结构建筑而言，剪力墙结构的优势如下：

1）平板式构件较多，有利于实现自动化生产。

2）模具成本相对较低。

装配式剪力墙结构目前存在的问题如下：

1）剪力墙装配式结构的试验和经验相对较少，较多的后浇区对装配式效率有很大影响。

2）结构连接的面积较大，连接点多，连接成本高。

3）装饰装修、机电管线等受结构墙体影响较大。

5. 无梁板结构

无梁板结构（图 2-8）是由柱、柱帽和楼板组成的，承受竖向和水平作用的结构。

无梁板结构由于没有梁，空间畅通，适用于多层公共建筑和厂房、仓库等，我国 20 世纪 80 年代前就有装配整体式无梁板结构建筑的成功实践。

装配整体式无梁板结构的安装流程如下：

1）先安装预制杯形基础。

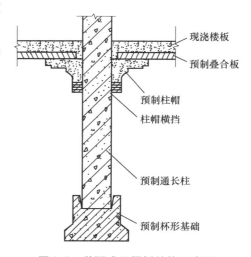

图 2-8　装配式无梁板结构示意图

2）柱子通长预制（柱子由于是整根的就不存在结构连接点）将柱子立起。

3）在柱帽位置下方插入承托柱帽的型钢横挡，柱子在该位置有预留孔。

4）将柱帽从柱子顶部插入，柱帽中心是方孔，落在型钢横挡上。

5）安装叠合楼板预制板。

6）绑扎钢筋，浇筑叠楼板后浇筑混凝土，形成整体楼板。

7）继续安装上一层的横挡、柱帽、叠合板，浇筑混凝土直到屋顶。

2.3.4　PC 结构建筑结构连接方式

对装配式混凝土建筑结构而言，"可靠的连接方式"是第一重要的，是结构安全的最基本保障。装配式混凝土结构连接方式包括以下几种：

1）套筒灌浆连接。

2）浆锚搭接连接。

3）后浇混凝土连接。后浇混凝土的钢筋连接方式有：搭接、焊接、套筒注浆连接、套筒机械连接、软索与钢筋销连接等。

4）预制混凝土构件与后浇混凝土连接面的粗糙面和键销构造。

5）螺栓连接。

6）焊接连接。

1. 套筒灌浆连接

套筒灌浆连接是装配整体式结构最主要最成熟的连接方式，美国人余占疏（Alfred A. Yee）博士 1968 年发明了套筒灌浆技术，至今已经有 50 多年的历史。套筒灌浆连接技术起初是在美国夏威夷一座 38 层的建筑中应用，而后在欧美和亚洲得到了广泛应用，目前日本应用最多，包括很多超高层建筑，最高建筑 200 多 m。

套筒灌浆连接的工作原理是：将需要连接的带肋钢筋插入金属套管内"对接"，如图 2-9 所示，在套管内注入高强早强且有微膨胀特性的灌浆料，灌浆料在套筒筒壁与钢筋之间形成较大的正向应力，在带肋钢筋的粗糙表面产生较大的摩擦力，由此得以传递钢筋的轴向力。

规范规定套筒灌浆连接的承载力要等同于钢筋，绝大部分的破坏发生在套筒连接之外的钢筋处，如果钢筋拉出，要求承载力大于钢筋抗拉极限标准值的 1.1 倍，这些在套筒和灌浆料厂家的出厂试验中就已经得到了验证。所以，结构设计对套筒灌浆节点不需要进行结构计算，主要是选择合适的套筒灌浆材料，设计中需要注意的要点如下：

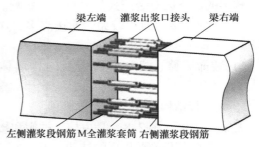

图 2-9　套筒灌浆连接示意图

1）应符合《装配式混凝土结构技术规程》和现行行业标准《钢筋套筒灌浆连接应用技术规程》（JGJ 355—2015）的规定。

2）采用套筒灌浆连接时，钢筋应当是带肋钢筋，不能用光圆钢筋。

3）选择可靠的灌浆套筒和灌浆料，应选择匹配的产品。

4）结构设计师应按规范规定提出套筒和灌浆料的选用要求，并应在设计图样强调，在构件生产前须进行钢筋套筒关键连接接头的抗拉强度试验，每种规格的连接接头试件数量不少于三个。

5）须了解套筒直径、长度、钢筋插入长度等数据，据此做出构件保护层、伸出钢筋长度等细部设计。

6）由于套筒外径大于所对应的钢筋直径，由此得出如下结论：

① 套筒区箍筋尺寸与非套筒区箍筋尺寸不一样，且箍筋间距加密。

② 两个区域保护层厚度不一样，在结构计算时，应当注意由于套筒引起的受力钢筋保护层厚度的增大。

③ 对于先按现浇结构进行设计，后决定采用装配式结构的工程，以套筒箍筋保护层作为控制因素，或断面尺寸不变，受力钢筋"内移"，使断面尺寸扩大，由此会改变构件刚度，结构设计时必须进行复核计算之后做出选择。

7）套筒连接的灌浆不仅是要保证套筒内灌满，还要灌满构件连接缝缝隙。构件接缝缝隙一般为 20mm 高。规范要求在预制柱底部须设置键槽，键槽深度不小于 30mm，如此键槽处缝高达 50mm。构件接缝灌浆时需封堵，避免漏浆或灌浆不密实。现场套筒灌浆连接施工如图 2-10 所示。

8）若外立面构件因装饰效果或因保温层等原因不允许或无法接出灌浆孔和出浆孔，可用灌浆孔导管引向构件的其他面。

2. 浆锚搭接

浆锚搭接连接方式所依据的技术原理源于欧洲，但是目前国外的装配式建筑中没有应用这一技术。近年来，我国一些大学、研究机构和企业做了大量的研究试验，有了一定的技术基础，浆锚搭接在国内装配整体式结构建筑中也有应用。浆锚搭接方式最大的优势是成本低于套筒灌浆连接方式。行业规范对浆锚搭接方式给予了审慎的认可。毕竟浆锚搭接不像套筒灌浆连接方式那样有几十年的工程实践经验，并经历过多次大地震的考验。

浆锚搭接的工作原理是：将需要连接的带肋钢筋插入 PC 结构构件的预留孔道里，预留孔道内壁是螺旋形的。钢筋插入孔道后，在孔道内注入高强早强且有微膨胀特性的灌浆料，锚固住插入钢筋。在孔道旁边是预埋在构件中的受力钢筋，插入孔道的钢筋与之"搭接"，这种情况属于有距离搭接。浆锚搭接示意图如图 2-11 所示。

图 2-10　现场套筒灌浆连接施工

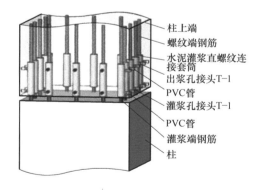

柱上端
螺纹端钢筋
水泥灌浆直螺纹连接套筒
出浆孔接头T-1
PVC管
灌浆孔接头T-1
PVC管
灌浆端钢筋
柱

图 2-11　浆锚搭接示意图

浆锚搭接有两种方式，一种是两根搭接的钢筋外圈有螺旋钢筋，它们共同被螺旋钢筋所约束；另一种是浆锚孔用金属波纹管。

浆锚搭接的节点设计与套筒灌浆连接一样，结构设计对节点不需要进行结构计算，主要是选择合适的浆锚搭接方式，设计中需要注意的要点如下：

1）应符合《装配式混凝土结构技术规程》和当地地方标准的规定。

2）钢筋应是带肋钢筋，不能用光圆钢筋。

3）按规范规定提出灌浆料选用要求。

4）根据浆锚连接的技术要求确定钢筋搭接长度、孔道长度。

5）要保证螺旋钢筋保护层，由此受力钢筋的保护层增大，在结构计算时，应注意受力钢筋保护层厚度的增大。对于先按照现浇进行结构设计，后决定采用装配式结构的工程，以螺旋钢筋保护层作为控制因素，或断面尺寸不变，受力钢筋"内移"，扩大断面尺寸，将会改变构件刚度，结构设计时必须进行复核计算之后做出选择。

6）浆锚搭接的灌浆不仅是要保证孔道内灌满，还要灌满构件接缝缝隙。构件接缝缝隙一般为 20mm 高。规范要求预制柱底部设置键槽，键槽深度不小于 30mm，如此键槽处缝高达 50mm。构件接缝灌浆时需封堵，避免漏浆或灌浆不密实。当采用嵌入式封堵条时，应避免嵌入过多影响受力钢筋的保护层厚度。

7）若外立面构件因装饰效果或因保温层等原因不允许或无法接出灌浆孔，可用灌浆孔导管引向其他面。

3. 后浇混凝土

后浇混凝土是指 PC 结构构件安装后在 PC 结构构件连接区或叠合层现场浇筑的混凝土。在装配式建筑中，基础、首层、裙楼、顶层等部位的混凝土，称为现浇混凝土；连接和叠合部位的现浇混凝土称为后浇混凝土。

后浇混凝土是装配整体式混凝土结构非常重要的连接方式。到目前为止，世界上所有的装配整体式混凝土结构建筑，都会有后浇混凝土。日本的预制率最高的 PC 结构建筑，所有柱、梁连接节点都是套筒灌浆连接，没有后浇混凝土，但楼板依然是叠合楼板。

后浇混凝土的应用范围包括以下几种：

1）柱子连接。

2）梁、柱连接。

3）梁连接。

4）剪力墙边缘构件。

5）剪力墙横向连接。

6）叠合板式剪力墙空心层浇筑。

7）圆孔板式剪力墙圆孔内浇筑。

8）叠合楼板。

9）叠合梁。

10）其他叠合构件（阳台板、挑檐板）等。

后浇混凝土钢筋连接是后浇混凝土连接节点最重要的环节，后浇区钢筋连接方式包括以下几种：

1）机械（螺纹）套筒连接。

2）注胶套筒连接。

3）钢筋搭接。

4）钢筋焊接等。

后浇混凝土区的钢筋锚固，关于 PC 结构构件受力钢筋在后浇混凝土区的锚固，应按《装配式混凝土结构技术规程》中规定，PC 结构构件纵向钢筋宜在后浇混凝土内直线锚固；当直线锚固长度不足时，可采用弯折、机械锚固方式，并应符合现行国家标准《混凝土结构设计规范》（GB 50010—2010）和《钢筋锚固板应用技术规程》（JGJ 256—2011）的规定。

4. 粗糙面与键槽

预制混凝土构件与后浇混凝土的接触面须做成粗糙面或键销面（图 2-12），以提高抗剪能力。试验表明，不计钢筋作用的平面、粗糙面和键销面混凝土抗剪能力的比例关系是 1∶1.6∶3，也就是说，粗糙面抗剪能力是平面的 1.6 倍，键销面是平面的 3 倍。所以，PC 结构构件与后浇混凝土接触面可做成粗糙面、键销面，或两者兼有。

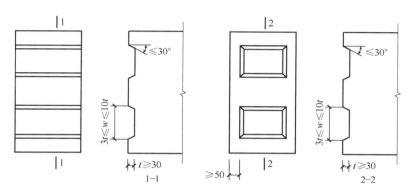

图 2-12　梁端键槽构造示意图

5. 钢丝绳索套加钢筋销连接

钢丝绳加钢筋销连接是欧洲常见的连接方法，用于墙板与墙板之间后浇区竖缝构造连接。相邻墙板在连接处伸出钢丝绳索套交汇，中间插入竖向钢筋，然后浇筑混凝土。

预埋伸出钢丝绳索套比出筋方便，适于自动化生产线，现场安装简单，作为构造连接，是非常简便的连接方式，目前国内规范对这种连接方式尚无规定。

6. 螺栓连接

螺栓连接是用螺栓和预埋件将 PC 结构构件与 PC 结构构件或者 PC 结构构件与主体结构进行连接。前面介绍的套筒灌浆连接、浆锚搭接连接、后浇混凝土连接和钢丝绳索套加钢筋销连接都属于湿连接，螺栓连接属于干连接。

螺栓连接节点设计首先需要根据结构设计对节点的要求，确定节点的类型。螺栓连接节点类型包括刚结点和铰结点，铰结点包括固定铰结点和滑动铰结点。

螺栓连接节点设计内容包括以下几点：

1）组成螺栓连接节点的部件包括预埋件、预埋螺栓、预埋螺母、连接件和连接螺栓等，节点设计须用其中的部件组合成连接节点。

2）对于铰结点设计允许转动位移的方式，对滑动铰结点设计允许滑动位移的方式。

3）预埋件、预埋螺母或预埋螺栓在混凝土中的锚固设计。

4）螺栓、预埋件、连接件的抗剪、抗拉、抗压承载力设计。

5）对于柔性节点，进行变形验算。

7. 焊接连接

焊接连接方式是在预制混凝土构件中预埋钢板，构件之间如钢结构一样用焊接方式连接。与螺栓连接一样，焊接方式在装配整体式混凝土结构中仅用于非结构构件的连接；在全装配式混凝土结构中，可用于结构构件的连接。

焊接连接在混凝土结构建筑中用得比较少。有的预制楼梯固定结点采用焊接连接方式。单层装配式混凝土结构厂房的吊车梁和屋顶预制混凝土桁架与柱子连接也会用到焊接方式。用于钢结构建筑的 PC 结构构件也可能采用焊接方式。

焊接连接结点设计需要进行预埋件锚固设计和焊缝设计，须符合现行国家标准《混凝土结构设计规范》（GB 50010—2010）中关于预埋件及连接件的规定，《钢结构设计标准》（GB 50017—2017）和《钢结构焊接规范》（GB 50661—2011）的有关规定。

2.4　装饰专业协同设计

装配式混凝土结构建筑的装配式内装修设计应遵循建筑、装修、部品一体化的设计原则，应满足相关国家标准的要求，达到适用、安全、经济、节能、环保等各项指标的要求，如图 2-13 所示为装配式内装效果与整体厨房效果图。

图 2-13　装配式内装效果与整体厨房效果图

装配式内装修应采用工厂化生产的内装部品，实现集成化的成套供应。

装配式内装修设计宜通过结构主体与内装部品的优化参数、公差配合和接口技术等措施，提高构件、部品互换性和通用性。

装配式内装修材料的品种、规格、质量应符合设计要求和现行国家标准的规定，选用绿色、环保材料。

装配式内装修设计应综合考虑不同材料、设备、设施的不同使用年限，内装部品应具有可变性和适应性，便于施工安装、维护更新。装配式内装修的材料、设备在与 PC 结构构件连接时宜采用 SI 住宅体系的支撑体与填充体分离技术进行设计，当条件不具备时宜采用预埋的安装方式，不应剔槽 PC 结构构件及其现浇部位，影响主体结构的安全性。

现浇建筑的装饰装修设计一般由装饰企业承担或购房者自己设计。对于 PC 结构建筑，建筑设计时必须考虑装饰设计的内容。

一方面，PC 结构建筑不能随意在结构构件上砸墙凿洞，不能随意打膨胀螺栓。当然，现浇混凝土结构也不能随意砸墙凿洞。但 PC 结构建筑有更"敏感"甚至更"脆弱"的部位。例如，一旦砸墙凿洞破坏了结构连接部位，就可能造成严重的隐患甚至事故。

另一方面，建筑装饰一体化、集成化、工厂化是建筑现代化，也是装配式建筑的主要目的之一。集约式装饰装修会大幅度降低成本，提高质量，减少浪费，有利于建筑安全、结构安全、提升建筑功能、便利用户，也避免新建筑区各家各户不同步装修，在相当长的时间里对使用者工作、生活的干扰。

就装饰装修而言，PC 结构建筑有很大优势。由于湿作业很少，围护结构和主体结构同步施工，装修工期只比结构工期慢几层楼。设计师应当在设计中考虑装饰的要求。

建筑设计必须考虑装修需要，与结构设计师共同给出布置、固定、悬挂方案。需要考虑的内容如下：

1）顶棚吊顶或局部吊顶的吊杆预埋件布置。

2）墙体架空层龙骨固定方式，如果需要预埋件，考虑预埋件布置。

3）收纳柜固定方式，吊柜悬挂预埋件布置。

4）整体厨房选型，平面和空间布置。

5）窗帘盒或窗帘杆固定等。

2.5　机电各专业协同设计

装配式建筑应考虑公共空间竖向管井位置、尺寸及共用的可能性，将其设于易于检修的部位。竖向管线的设置宜相对集中，水平管线的排布应减少交叉。在 PC 结构构件上应预留或预埋套管穿管线，如预制楼板应预留孔洞穿管道，预制梁应预留和预埋套管穿管道。管井及吊顶内的设备管线安装应牢固可靠，应设置方便更换、检修的检修门等。建筑室内宜优先采用同层排水，同层排水的房间应有可靠的防水构造措施。采用整体卫浴、整体厨房时，应与厂家配合预留净尺寸及设备管道接口的位置及要求。太阳能热水器系统集热器、储水罐等的安装应与建筑一体化设计，结构主体做好预留预埋。

供暖系统的主立管及分户控制阀门等部件应设置在公共空间竖向管井内，户内供暖管线宜设置为独立环路。采用低温热水地面辐射供暖系统时，分、集水器宜配合建筑地面垫层的做法设置在便于检修管理的部位。采用散热器供暖系统时，合理布置散热器位置、采暖管线的走向。采用分体式空调机时，满足卧室、起居室预留空调设施的安装位置和预留预埋条件。当采用集中新风系统时，应确定设备及风道的位置和走向。厨房及卫生间应确定排气道的位置和尺寸。

确定分户配电箱位置，分户墙两侧暗装电气设备不应连通设置。PC 结构构件设计应考虑内装要求，确定插座、灯具位置以及网络接口、电话接口、有线电视接口等位置。确定线路设置位置与垫层、墙体以及分段连接的配置，在预制墙体内、叠合板内暗敷设时，应采用线管保护。在预制墙体上设置的电气开关、插座、接线盒等均应进行预留预埋。在预制外墙板、内墙板的门窗过梁及锚固区内不应埋设设备管线。

2.5.1　PC 结构建筑的水、暖、电设计内容

由于 PC 结构建筑很多结构构件是预制的，水、暖、电各专业对结构有诸如"穿过""埋设"或"固定在其上"的要求，这些要求都必须准确地在建筑、结构和构件图上表达出来。PC 结构建筑除了叠合板后浇层可能需要埋置电源线、电信线外，其他结构部位和电气通信以外的管线都不能在施工现场进行"埋设"作业，不能砸墙凿洞，不能随意打膨胀

螺栓。

在 PC 结构建筑设计中，水暖电各专业须根据设计规范进行设计，与建筑、结构、构件设计以及装饰设计协同互动，将各专业与装配式有关的要求和节点构造，准确定量地在建筑、结构和构件图样上表达，具体事项包括以下几点：

1）竖向管线穿过楼板。

2）横向管线穿过结构梁、墙。

3）有吊顶时固定管线和设备的楼板预埋件。

4）无吊顶时叠合楼板后浇混凝土层管线埋设。

5）梁、柱结构体系墙体管线敷设与设备固定。

6）剪力墙结构墙体管线敷设与设备固定。

7）有架空层时地面管线敷设。

8）无架空层时地面管线敷设。

9）整体浴室、整体厨房。

10）防雷设置及其他。

2.5.2　具体分项介绍

1. 竖向管线穿过楼板

需穿过楼板的竖向管线包括电气干线、电信干线，自来水给水、中水给水、热水给水管，雨水立管、消防立管，排水、暖气、燃气、通风、烟气管道等。《装配式混凝土结构技术规程》规定，竖向管线宜集中布置，并应满足维修更换的要求。一般设置管道井。

竖向管线穿过楼板，需在预制楼板上预留洞口。预制楼板上预留孔洞如图 2-14 所示。圆形壁宜衬套管。竖向管线穿过楼板的孔洞位置、直径、防水防火隔声的封堵构造设计等，PC 结构建筑与现浇混凝土结构建筑没有本质区别，需要注意的就是其准确的位置、直径、套管材质，误差要求等，必须经建筑师、结构师同意，判断位置的合理性，对结构安全和预制楼板的制作是否有不利影响，是否与预制楼板的受力钢筋或桁架筋"碰撞"，如果有"碰撞"须进行调整。所有的设计要求必须落到拆分后的构件制作图中。

图 2-14　预制楼板上预留孔洞

2. 横向管线穿过结构梁、墙

可能穿过结构梁、墙的横向管线包括电源线、电信、给水、暖气、燃气、通风管道、空调管线等。横向管线穿过结构梁或结构墙体，需要在梁或墙体上预留孔洞或套管，预制梁上预留孔洞如图 2-15 所示。

图 2-15　预制梁上预留孔洞

横向管线穿过结构梁、墙体的孔洞位置、直径、防水防火隔声和封堵构造设计等，与竖向管线一样，其准确的位置、直径、误差要求、套管材质等，必须经建筑师、结构工程师的同意，判断对结构安全和 PC 结构构件的制作是否有不利影响，是否与预制楼板的受力钢筋或桁架筋"碰撞"，如果有"碰撞"须进行调整。所有的设计要求必须落到拆分后的构件制作图中。设计防火防水隔声封堵构造时，如果有需要设置预制梁或墙体的预埋件，应落到 PC 结构构件图中。

3. 有吊顶时固定管线和设备的楼板预埋件

PC 结构建筑顶棚宜有吊顶，如此所有管线都不用埋设叠合板后浇混凝土层中。

顶棚有吊顶，需在预制楼板中埋设预埋件，以固定吊顶与楼板之间敷设的管线和设备，吊顶本身也需要预埋件。

敷设在吊顶上的管线可能包括电源线、电信线、暖气管线、中央空调管线等，还有空调设备、排气扇、抽油烟机、灯具、风扇的固定预埋件。设计协同中，各专业需要提供固定管线和设备的预埋件位置、重量以及设备尺寸等，由建筑师统一布置，结构工程师设计预埋件或内埋式螺栓的具体位置，避开钢筋，确定规格和埋置构造等，所有设计必须落在拆分后的预制楼板图样上。

固定电源线等可采用内埋式塑料螺母，如需要悬挂较重的设备，宜用内埋式金属螺母或钢板预埋件。自动化程度高的楼板生产线，内埋螺母由机器人定位、画线、安放。

4. 无吊顶时叠合楼板后浇混凝土层管线埋设

给水、排水、暖气、空调、通风、燃气的管线不可以埋置在 PC 结构构件或叠合板后浇混凝土层中，只有电源线和弱电管线可以埋设于结构混凝土中。

在顶棚不吊顶的情况下，电源线需埋设在叠合楼板后浇混凝土层中，叠合楼板预制板中须埋设灯具接线盒和安装预埋件，为此楼板厚度可能需要增加 20mm。

5. 柱、梁结构体系墙体管线敷设与设备固定

柱、梁结构体系是指框架结构、框架-剪力墙结构和密柱筒体结构。柱、梁结构体系墙体管线敷设与固定应遵循如下规定：

1）外围护结构墙板不应埋设管线和固定管线、设备的预埋件，如果外墙所在的墙面需要设置电源、电视插座和埋设其他管线，应当设置架空层。

2）如果需要在梁、柱上固定管线或设备，应当在构件预制时埋入内埋式螺母或预埋件，不要安装后在梁、柱上打膨胀螺栓。内埋式螺母或预埋件的位置和构造应设计在拆分后

的构件制作图上。

3）柱、梁结构体系内隔墙宜采用可方便敷设管线的架空墙、空心墙板和轻质墙板等。

6. 剪力墙结构墙体管线敷设与设备固定

1）剪力墙结构外墙不应埋设管线和固定管线、设备的预埋件，如果外墙所在的墙体需要设置电源、电视插座或埋设其他管线，应与框架结构外围护结构墙体一样，设置架空层。

2）剪力墙内墙如果有架空层，管线敷设的架空层内。

3）剪力墙内墙如果没有架空层，又需要敷设电源线、电信线、插座或配电箱等，设计中需要注意以下几点：

① 电源线、照明开关、电源插座、电话线、网线、有线电视线等，可埋设在剪力墙体内，在构件预制时埋设，或预留沟槽，不得在现场削凿沟槽。

② 剪力墙埋设管线和埋设物必须避开套筒、浆锚链接孔等连接区域，高于连接区100mm 以上。

③ 管线和埋设物应避开钢筋。

④ 管线和埋设物的位置、高度，管线在墙体断面中的位置、允许误差等，应设计到 PC 结构构件制作图上。

4）如果需要在剪力墙或梁上固定管线或设备，应当在构件预埋时埋入内埋式螺母或预埋件，不要在安装后在墙体或连梁上打膨胀螺栓。内埋式螺母或预埋件的位置和构造应设计在拆分后的构件制作图上。

5）剪力墙结构建筑的非剪力墙内隔墙宜采用可方便敷设管线的架空墙或空心墙板。

6）电气以外的其他管线不能埋设在混凝土中；墙体没有架空层的情况下，必须敷设在墙体上的管线应明管敷设。

7. 有架空层时地面管线敷设

PC 结构建筑的地面如果设置架空层，可以方便地实现同层排水，多户共用竖向排水干管。管线敷设对结构没有影响。

8. 无架空层时地面管线敷设

在地面不做架空层的情况下，实现多户同层排水相对困难，除非两户的卫生间相邻。为实现同层排水，局部楼板应下降高度。

9. 整体卫浴

PC 结构建筑宜设置整体卫浴，如图 2-16 所示。设计时应当与整体卫浴制作厂家对接，确认整体卫浴的尺寸、布置、自来水、热水、中水、排水、电源、排气管道的接口，并将接口对结构构件的要求，如管道孔洞预埋件等设计到构件制作图中。

10. 整体厨房

整体厨房的概念与整体卫浴不一样。整体卫浴就是一个集合体，一个小房子，而整体厨房是由分部组块组成的，实际上是整体橱柜的组合。整体厨房是 PC 结构建筑的重要构成部分，设计时应当与整体厨房制作厂家进行对接，确认整体厨房分部件的尺寸、布置，自来水、热水、排水、电源、燃气、排烟道的接口，并将接口对结构构件的要求（如管道孔洞、预埋件等）设计到构件制作图中。

11. 防雷设置

PC 结构建筑受力钢筋的连接，无论是套筒连接还是浆锚连接，都不能确保连接的连续性，因此不能用钢筋作为防雷引下线，应埋设镀锌扁钢带做防雷引下线，如图 2-17 所示。镀锌扁钢带的尺寸不小于 25mm×4mm，在埋置防雷引下线的柱子或墙板的构件制作图中给出详细的位置和探出接头长度，引下线在现场焊接连成一体，焊接点要进行防锈处理。

图 2-16　整体卫浴

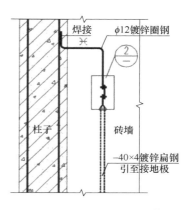

图 2-17　防雷引下线设置

阳台金属护栏应当与防雷引下线连接，预制阳台应当预埋 25mm×4mm 镀锌钢带，一端与金属护栏焊接，另一端与其他 PC 结构构件的引下线系统连接。

距离地面高度 4.5m 以上的外墙铝合金窗、金属百叶窗，特别是飘窗铝合金窗的金属窗框和百叶应当与防雷引下线连接，预制墙板或飘窗应当预埋 25mm×4mm 镀锌钢带，一端与铝合金窗、金属百叶窗焊接，另一端与其他 PC 结构构件的引下线系统连接。

本章小结

本章对装配式混凝土结构建筑（简称 PC 结构建筑）的设计进行整体、全面的介绍，对 PC 结构建筑在设计阶段进行设计的依据与原则、设计的主要工作内容和设计质量的要点进行阐述，以及怎样在建筑专业的平面、立面设计时控制建筑模数化的应用，在结构专业设计时怎样进行结构体系、结构连接方式、结构构件拆分方式的选用，以及给水排水、暖通、电气和装饰专业怎样进行协同设计等方面进行了详细解读，以保证整个装配式混凝土结构建筑设计阶段各专业、各环节达到"五化一体"的实施目标。

复习思考题

1. 装配式混凝土结构建筑设计各阶段工作流程是什么？设计要点是什么？

2. 装配式混凝土结构建筑设计中建筑平面、立面设计等内容有哪些？建筑模数化的概念及意义是什么？

3. 模数、模数协调、基本模数、扩大模数、分模数的概念分别是什么？如何应用？

4. 装配式混凝土结构建筑设计中结构体系有哪些？连接方式有哪些？

5. 装配式混凝土结构建筑设计中装饰专业协同设计及机电专业协同设计内容有哪些？

第3章　PC 结构构件的生产过程及管理

内容提要

本章主要介绍混凝土 PC 结构构件及其生产设备介绍、预制混凝土构件的生产流程、生产过程管理、堆放及运输、质量管理，重点介绍 PC 结构构件的生产过程以及生产管理重点。希望通过本章的学习，读者能熟悉常用的 PC 结构构件，并熟悉预制构件的生产流程、生产过程以及生产各阶段的操作要点。

课程重点

1. 熟悉 PC 结构构件种类。
2. 熟悉 PC 结构构件的生产流程。
3. 熟悉 PC 结构构件的生产各阶段的重点。
4. 熟悉 PC 结构构件的保护以及构件质量问题的检测方法等。

3.1　PC 结构构件介绍

预制混凝土构件是指通过机械化设备及模具预先生产制作的钢筋混凝土构件，简称 PC 结构构件或 PC 构件。PC 结构构件是组成装配式建筑的基本元素，它是通过标准设计、工厂化生产，最终通过现场装配成为整体建筑。PC 结构构件的生产过程是装配式建筑建造过程中的关键一环，同时也是推动建筑工业化的技术基础。PC 结构构件在德国、英国、美国、日本等国家的使用相当广泛，被认为是实现主体结构预制的基础。目前，发达国家已经把预制混凝土结构建筑作为现代建筑的主要建造方式，而我国的 PC 结构构件生产水平还处于起步阶段，发展空间巨大。

PC 结构生产线建设周期较长，建设时间可达 3～4 个月。这些预制的混凝土构件体积大、自重高，专用构件运输车的物流运输成本高，因此为了减少运输成本，PC 结构生产线的运距辐射范围一般控制在 200km 以内。为了便于质量控制和检测，PC 结构构件通常在工厂预制，但是，对于特殊构件或大型构件，由于道路、场地、运输限制，也可以在符合条件的施工现场预制。

3.1.1　预制混凝土构件的特点

1）能够实现成批工业化生产，节约材料，降低施工成本。

2）有成熟的施工工艺，有利于保证构件质量，特别是标准定型构件的生产，PC 结构构件厂（场）施工条件稳定，施工程序规范，比现浇构件更易于保证质量。

3）可以提前为工程施工做准备，施工时将达到强度的 PC 结构构件进行安装，可以加快工程进度，降低工人劳动强度。

4）结构性能良好，采用工厂化制作能有效保证结构力学性，离散性小。

5）施工速度快，产品质量好，表面光洁度高，能达到清水混凝土的装饰效果，使结构与建筑统一协调。

6）工厂化生产节能，有利于环保，降低现场施工的噪声。

7）防火性能好。

8）结构的整体性能较差，不适用于抗震要求较高的建筑。

3.1.2　PC 结构构件的分类

PC 结构构件的种类很多，按照构件的功能不同可以分为用于建筑结构体系的结构构件和用于建筑维护体系的维护类构件。下面就不同种类的构件分别进行说明。

1. 结构构件

结构构件是指在装配式建筑中主要用于受力的构件。一般包括的基本构件有：预制混凝土柱（图 3-1）、预制混凝土梁（图 3-2）、预制混凝土剪力墙（图 3-3）和预制混凝土叠合楼板（图 3-4）等，这些主要受力构件通常在工厂预制加工完成运输到现场进行装配施工。

图 3-1　预制混凝土柱

图 3-2　预制混凝土梁

图 3-3　预制混凝土剪力墙

图 3-4　预制混凝土叠合板

　　预制混凝土叠合板：在预制混凝土板构件安装就位后，在其上部浇筑混凝土而形成整体的混凝土构件。

　　2. 围护构件

　　围护构件按照安装的位置可以分为：外墙板、内墙板等；按照板材材料可以分为：粉煤灰矿渣混凝土墙板、钢筋混凝土墙板、轻质混凝土墙板、加气混凝土轻质板等。

　　预制混凝土外墙挂板（图 3-5）：在外墙起围护作用的非承重预制混凝土墙板。

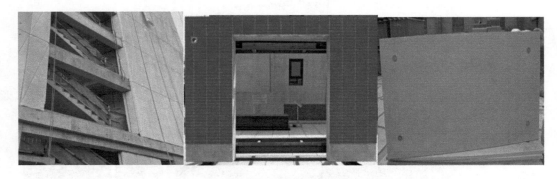

图 3-5　预制混凝土外墙挂板

　　预制混凝土叠合夹心保温板（图 3-6）：在墙厚方面，采用内外预制，中间夹保温材料，通过连接件相连而成的钢筋混凝土叠合墙体。

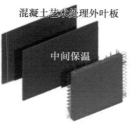

图 3-6　叠合夹心保温板

3. 其他构件

装配式混凝土的其他构件包括：预制空调板、预制楼板、预制女儿墙、预制楼梯（图 3-7）、预制阳台板（图 3-8）、预制装饰构件（图 3-9）等。

图 3-7　预制楼梯　　　　　图 3-8　预制阳台板　　　　　图 3-9　预制装饰构件

3.2　构件生产设备介绍

PC 结构构件的生产一般在工厂完成，为了满足生产的需要，现代化的 PC 结构构件生产厂一般要设置几个功能区，包括：混凝土搅拌站、钢筋加工车间、构件制作车间、构件堆放场地、材料仓库（材料、成品等辅助储存）、实验室、模具维修车间、锅炉房、变配电室等辅助设施、办公设施等。

自动化的 PC 结构构件生产线采用高精度、高结构强度的成型模具，经自动布料系统把混凝土浇筑其中，经振动工位振捣后送入立体蒸养房进行蒸汽养护，当构件强度≥40MPa 时，从蒸养房取出模台，并进至脱模工位进行脱模处理，墙板需在蒸养两小时后取出进行表面磨平，再送进蒸养房继续蒸养。脱模后的构件经构件运输平台运至堆放场继续进行自然养护。而空模台沿线自动返回，进入下一道生产准备。在模台返回输送线上设置自动清理机、自动喷油机（脱模剂）、划线机，构件模具边模安装，钢筋、桁架筋安装，检测等工位，从而达到自动化循环流水作业，PC 构件厂预制叠合楼板生产线如图 3-10 所示。

下面介绍生产线上常用的 PC 结构构件的生产设备：

（1）划线机　划线机用于在底模上快速而准确地画出边模、预埋件等位置。提高放置边模、预埋件的准确性和速度（图 3-11）。

（2）布料机　混凝土布料机用于向混凝土构件模具中均匀定量地布料（图 3-12）。

图 3-10　PC 结构构件厂预制叠合楼板生产线

图 3-11　划线机

图 3-12　布料机

（3）振动台　振动台用于振捣完成布料后的周转平台，将其中的混凝土振捣密实。它由固定台座、振动台面、减振提升装置、锁紧机构、液压系统和电气控制系统组成（图 3-13）。

图 3-13　振动台

（4）养护窑　养护窑将混凝土构件在养护窑中存放，经过静置、升温、恒温、降温等几个阶段使水泥构件凝固强度达到要求。它由窑体、蒸汽系统（或散热片系统）、温度控制系统等组成。

（5）混凝土输送机（直泄式送料机）　混凝土输送机用于存放和输送搅拌站出来的混凝土，通过特定的轨道将混凝土运送到布料机中。它由双梁行走架、运输料斗、行走机构、料斗翻转装置和电气控制系统组成。

（6）模台存取机　模台存取机将振捣密实的水泥构件及模具送至立体养护窑指定位置，将养护好的水泥构件及模具从养护窑中取出，送回生产线上，输送到指定的脱模位置。它由行走系统、大架、提升系统、吊板输送架、取/送模机构、纵向定位机构、横向定位机构、电气系统等组成。

（7）预养护及温控系统　模台预养护系统由钢结构支架、保温膜、蒸汽管道、养护温控系统、电气控制系统（中央控制器、控制柜）、温度传感器等部分组成。养护通道由钢结构支架、养护棚（钢-岩棉-钢材料）组成，放置于输送线上方，带制品的模板可通过。通道内的预养护工位自动控制启动停止，中央控制器采用工业级计算机，具有较为完善的功能，有工艺温度的参数设置。

（8）侧力脱模机　模板固定于托板保护机构上，可将水平板翻转 85° ~ 90°，便于制品竖直起吊。侧力脱模机由翻转装置，托板保护机构，电气系统、液压系统组成。翻转装置由两个相同结构翻转臂组成，翻模机构又可分为固定台座、翻转臂、托座、模板锁死装置。

（9）运板平车　运板平车用于运输成品 PC 板，将成品 PC 板由车间运送至堆放场。由稳定的型钢结构和钢板组成的车体、行走机构、电瓶、电气控制系统组成。

（10）刮平机　刮平机将布料机浇注的混凝土振捣并刮平，使得混凝土表面平整。刮平机由钢支架、大车、小车、整平机构及电气系统等组成。

（11）抹面机　抹面机用于内外墙板外表面的抹光，保证构件表面的光滑。抹平头可在水平方向两自由度内移动作业。抹面机由门架式钢结构机架、行走机构、抹光装置、提升机构、电气控制系统组成（图 3-14）

图 3-14　抹面机

（12）模具清扫机　模具清扫机将脱模后的空模台上附着的混凝土清理干净。模具清扫机是由清渣铲、横向刷辊、支撑架、除尘器、清渣斗和电气系统组成（图 3-15）。

（13）拉毛机　用拉毛机对叠合板构件新浇注混凝土的上表面进行拉毛处理，以保证叠合板和后浇注的地板混凝土较好地结合起来。拉毛机由钢支架、变频驱动的大车及行走机构、小车及行走机构、升降机构、转位机构、可拆卸的毛刷、电气控制系统组成（图 3-16）。

图 3-15 模具清扫机

图 3-16 拉毛机

3.3 PC 结构构件的生产流程

3.3.1 PC 结构构件生产流程

PC 结构构件制作需要依据设计图样、有关标准、工程安装计划、混凝土配合比设计和操作规程来完成。PC 结构构件的制作根据不同的构件类别也略有不同，图 3-17 是大部分 PC 构件生产流程。

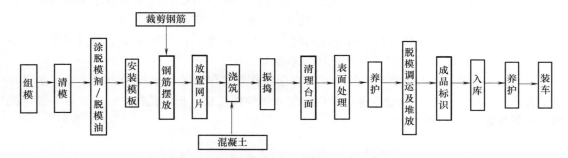
图 3-17 PC 结构构件生产流程

3.3.2 PC 结构构件生产流程基本要求

1. 模具组装、清洗

模具组装和清洗是指根据 PC 结构构件的类型、尺寸选择合适的模具，并在模台上进行组装、清洗。

1) 模具应具有足够的刚度、强度和稳定性，并符合构件精度要求。

2) 制作模具的材料宜选用钢材，所选用的材料应有质量证明书或检验报告。

3) 模具每次使用后，应清理干净，不得留有水泥浆和混凝土残渣。

4) 模板表面除饰面材料铺贴范围外，应均匀涂刷脱模剂。

2. 钢筋制作、入模

1) 钢筋应有产品合格证，并应按有关标准规定进行复试检验，钢筋的质量必须符合现行有关标准的规定。

2）钢筋成品笼尺寸应准确，钢筋规格、数量、位置和绑扎方式等应符合有关标准规定和设计文件要求。

3）钢筋笼应采用垫、吊等方式，满足钢筋各部位的保护层厚度。

4）钢筋入模时，应平直、无损伤，表面不得有油污、颗粒状或片状老锈。

3. 混凝土浇筑、养护

1）混凝土用的水泥、骨料（砂、石）、外加剂、掺合料等应有产品合格证，并按有关标准的规定进行复试检验，明确其品种、规格、生产单位等。水泥、骨料（砂、石）、外加剂、掺合料和水等质量必须符合现行有关标准的规定。

2）混凝土应按《普通混凝土配合比设计规程》（JGJ 55—2011）的有关规定，根据混凝土强度等级、耐久性和工作性等要求进行配合比设计。

3）混凝土原材料计量设备应运行可靠、计量准确，并应按规定进行计量检定或校准。

4. 构件成型

1）构件浇筑前应进行隐蔽验收，符合有关标准规定和设计文件要求后方可浇筑混凝土。

2）混凝土成型应振捣密实，振捣器不应碰到钢筋骨架、面砖和预埋件。

3）混凝土浇筑过程应连续进行，同时应观察模具、门窗框、预埋件等是否有变形和移位，若有异常应及时采取补强和纠正措施。

4）混凝土表面应及时用泥板抹平提浆，并对混凝土表面进行二次抹面。

设计图指定某处需做毛面时，一般有以下方式：

1）在混凝土未完全凝结时用铁耙在构件表面平行拉毛，一般要求间距 5cm 左右，深度 4 ~ 6mm。

2）待混凝土凝结后用铁钎人工凿毛，但需注意不可用力过猛，以免造成裂缝损伤构件。

3）在钢模上涂抹缓凝剂（也称露骨剂），待脱模后用高压水枪冲掉涂剂露出骨料形成自然毛面，但需注意的是必须将涂剂冲刷干净、无残留。

5. 构件养护

PC 结构构件混凝土浇筑完毕后，应及时养护。可采用自然养护或蒸汽养护，当采用蒸汽养护时，应符合下列要求：

1）混凝土全部浇捣完毕后静停时间不宜少于 2h。

2）升温速度不得大于 15℃/h。

3）恒温时最高温度不宜超过 55℃，恒温时间不宜少于 3h。

4）降温速度不宜大于 10℃/h。

5）养护时应注意预埋塑钢窗的变形等。

6. 构件脱模

1）PC 结构构件拆模起吊前应检验其同条件养护的混凝土试块强度，达到设计强度 50% 时方可拆模起吊。

2）应根据模具结构按序拆除模具，不得使用振动构件方式拆模。

3）PC 结构构件起吊前，应确认构件与模具间的连接部分完全拆除后方可起吊。

4）PC 结构构件起吊的吊点设置除强度应符合设计要求外，还应满足 PC 结构构件平稳起吊的要求。

5）对于复杂节点，如窗台下方滴水线处，构件厂应该提供合理可行的脱模方案。

7. 构件编号

构件编号应该采取统一的形式。构件需要表示如下信息：楼号、楼层（楼层范围）、构件名称、模板号、生产日期等。

3.4 PC 结构构件的生产过程

3.4.1 PC 结构构件生产前准备

1. 设备调试

生产 PC 结构构件前，应对各种生产机械设施设备进行安装调试、工况检验和安全检查，确认其符合生产要求。

2. 物料准备

1）混凝土用原材料包括：水泥、骨料（砂、石）、外加剂、掺合料等。

2）PC 结构构件生产所用的混凝土、钢筋、套筒、灌浆料、保温材料、拉结件、预埋件等。

混凝土等各种原材料应按品种、数量、规格分别存放，存放环境应选择密封、干燥、防止受潮的环境。

3. 生产方案及设计成果准备

PC 结构构件生产前应编制生产计划，生产工艺、模具方案及计划，材料及构件质量控制措施等计划，保障生产过程按照规范的流程、方法实施。

根据预制构件的特点，编制 PC 结构构件制作计划和工艺流程，并应验算脱模吸附力和吊装工况下构件的承载力。

PC 结构构件加工制作前应绘制并审核 PC 结构构件深化设计加工图，具体内容包括：PC 结构构件模具图、配筋图、预埋吊件及预埋件的细部构造图等。

3.4.2 PC 结构构件生产过程管理

1. 模具组装

（1）模具清理　与混凝土接触的模具面应清理打磨，保证模板面平整干净，不得有锈迹和油污。

（2）模具组装

1）模具拼装应按拼装顺序进行，对于特殊构件和要求钢筋先入模后拼的特殊模具，应严格按照操作步骤执行。

2）模具拼装应连接牢固、缝隙严密，拼装时应进行表面清理和涂脱模剂，接触面不应有划痕、锈渍和氧化层脱落等现象。

3）模具拼装时，模板接触面平整度、板面弯曲、拼装缝隙、几何尺寸等应满足相关设计要求，模具几何尺寸的允许偏差及检验方法应符合《混凝土结构工程施工质量验收规范》（GB 50204—2015）的规定。

（3）涂抹脱模剂和缓凝剂

混凝土脱模剂又称混凝土隔离剂或脱模润滑剂，它是一种涂于模板内壁，起到润滑和隔离作用，使混凝土在拆模时能顺利脱离模板，保持混凝土形状完整无损的物质。混凝土脱模剂具有保持混凝土表面光洁，保护模板，防止其变形或锈蚀，便于清理和减少修理费用的作用。喷脱模剂如图 3-18 所示。涂抹脱模剂的重点包括以下几点：

图 3-18　喷脱模剂

1）使用水性脱模剂作为混凝土隔离剂。

2）脱模剂应涂刷均匀，不得有积余和局部未喷涂现象。

3）脱模剂涂抹后不能马上作业，应当等脱模剂成膜以后（一般为 20min）再进行下一道工序。

4）水性脱模剂涂刷后应在 8h 内浇筑混凝土，防止水性脱模剂涂刷时间太长造成模板生锈情况。

模具面需要形成粗糙面，可以在模具上涂刷缓凝剂，混凝土脱模后再用水冲洗去除表面没有凝固的灰浆，形成粗糙面。

2. 钢筋制作及安装

钢筋制作之前应对进厂的钢筋进行检查，预制构件使用的钢筋应平直、无损伤，表面不得有裂纹、油污、颗粒状或片状老锈。

钢筋安装偏差及检验方法应符合表 3-1 中的规定，受力钢筋保护层厚度的合格点率应在 90% 及以上，且不得有超过表 3-1 中尺寸偏差数值的 1.5 倍。钢筋安装人员对安装的钢筋全数检查，检验人员在同一检验批内，对梁应抽查构件数量的 10%，且不应少于三件；对楼梯和板，应按有代表性的自然间抽查 10%，且不应少于三件。

表 3-1　钢筋安装偏差要求

项　目		允许偏差/mm	检 验 方 法
绑扎钢筋网	长、宽	±10	尺量
	网眼尺寸	±20	钢尺量连续三档，取最大偏差值
绑扎钢筋骨架	长	±10	尺量
	宽、高	±5	尺量
纵向受力钢筋	锚固长度	−20	尺量
	间距	±10	钢尺量两端、中间各一点，取最大偏差值
	排距	±5	尺量
纵向受力钢筋、箍筋的混凝土保护层厚度	基础	±10	尺量
	柱、梁	±5	尺量
	板、墙、壳	±3	尺量

（续）

项　目		允许偏差/mm	检 验 方 法
绑扎箍筋、横向钢筋间距		±20	钢尺量连续三档，取最大偏差值
钢筋弯起点位置		20	尺量
预埋件	中心线位置	5	尺量
	水平高差	+3,0	塞尺量测

注：检查中心线位置时，沿纵、横两个方向量测，并取其中偏差的较大值。

3. 入模

入模应符合下列要求：

1）钢筋骨架尺寸应准确，骨架吊装时应采用多吊点的专用吊架，防止骨架产生变形。

2）保护层垫块宜采用塑料类垫块，且应与钢筋骨架或网片卡装牢固；间距满足钢筋限位及控制变形要求。

3）钢筋骨架入模时应平直、无损伤，表面不得有油污或者锈蚀。

4）应按构件图安装好钢筋连接套管、连接件、预埋件。预埋件等安装如图3-19所示。

4. 预埋件、连接件及预留孔洞

PC结构构件表面的预埋件、螺栓孔和预留孔洞应按构件模板进行配置，满足PC结构构件吊装、施工工况下的安全性、耐久性和稳定性。预留和预埋质量要求和允许偏差及检验方法应满足相关规定。

5. 隐蔽工程检查

混凝土浇筑前，应对钢筋以及预埋件进行隐蔽工程检查，检查项目如下，具体允许偏差参照表3-2。

1）钢筋的牌号、规格、数量、位置、间距是否符合设计与规范的要求。

图3-19　预埋件等安装

2）纵向受力钢筋的连接方式、接头位置、接头质量、接头面积百分率、搭接长度等。

3）灌浆套筒与受力钢筋的连接、位置误差等。

4）钢筋机械锚固是否符合设计与规范要求。

5）伸出钢筋的直径、伸出长度、锚固长度、位置偏差等。

6）预埋件、吊环、预留孔洞的规格、数量、位置、定位等。

表3-2　预埋件和预留孔洞的允许偏差　　　　（单位：mm）

项　目		允许偏差	检 验 方 法
预埋钢板	中心线位置	3	钢尺检查
	安装平整度	5	靠尺和塞尺检查
预埋管、预留孔中心线位置		3	钢尺检查

（续）

项　　目		允 许 偏 差	检 验 方 法
插筋	中心线位置	5	钢尺检查
	外露长度	+8, 0	钢尺检查
预埋吊环	中心线位置	5	钢尺检查
	外露长度	+8, 0	钢尺检查
预留洞	中心线位置	5	钢尺检查
	尺寸	+8, 0	钢尺检查
预埋接驳器	中心线位置	5	钢尺检查

7）钢筋与套筒保护层厚度。

8）夹心外墙板的保温层位置、厚度、拉结件的规格、数量、位置等。

9）预埋管线、线盒的规格、数量、位置及固定措施等。

6. 混凝土浇筑及养护

（1）混凝土浇筑　进行混凝土浇捣前，应对模板和支架、已绑好的钢筋和埋件进行检查，逐项检查合格后，方可浇捣混凝土。检查时应重点注意钢筋有无油污现象，预埋件位置是否正确等。

浇筑混凝土时，还应经常注意观察模板、支架、钢筋骨架、面砖、窗框、预埋件等情况，若发现异常应立即停止浇筑，并采取措施解决后再继续进行。

浇筑混凝土应连续进行，当因故必须间歇时，应不超过下列允许间歇时间：当气温高于25℃时，允许间歇时间为 1h；当气温低于 25℃时，允许间歇时间为 1.5h。

混凝土浇捣完毕后，要进行抹面处理。

混凝土初凝时应对构件与现浇混凝土连接的部位进行拉毛处理，拉毛深度 1mm 左右，条纹顺直，间距均匀整齐。

带保温材料的 PC 结构构件宜采用水平浇筑方式成型。采用夹芯保温的 PC 结构构件，宜采用专用连接件连接内外两层混凝土，其数量和位置应符合设计要求。

（2）混凝土振捣　常用的振捣方法有振动法、挤压法、离心法等，以振动法为主。

振动法：用台座法制作构件，使用插入式振动器和表面振动器振捣。插入式：采用插入式振动器振捣混凝土时，为了不损坏面砖，不宜采用振动棒竖直插入振捣的方式，可采用平放的方法，将面砖在生产过程中的损坏降到最低程度。混凝土应振到停止下沉，无显著气泡上升，表面平坦，呈现薄层水泥浆为止。模具在振动台振捣如图 3-20 所示。表面振动器振捣：分为静态振捣法和动态振捣法，前者用附着式振动器固定在模具上振捣，后者是在压板上加设振动器振捣，适宜不超过200mm 的平板混凝土构件。

挤压法：挤压法常用于连续生产空

图 3-20　模具在振动台振捣

心板，尤其在预制轻质内隔墙时常用。

离心法：离心法是将装有混凝土的模板放在离心机上，使模板以一定转速绕自身的纵轴旋转，模板内的混凝土由于离心力作用而远离纵轴，均匀分布于模板内壁，并将混凝土中的部分水分挤出，使混凝土密实。离心法常用于大口径混凝土预制排水管生产中。

（3）混凝土养护　养护是保证混凝土质量的重要环节，对混凝土的强度、抗冻性、耐久性有很大的影响。PC 结构构件的养护方法有：自然养护、蒸汽养护、热拌混凝土热模养护、太阳能养护、远红外线养护等，以自然养护和蒸汽养护为主。混凝土养护如图 3-21 所示。

图 3-21　混凝土养护

梁、柱等体积较大预制混凝土构件宜采用自然养护方式；楼板、墙板等较薄预制混凝土构件或冬期生产预制混凝土构件，宜采用蒸汽养护方式。

自然养护成本低、简单易行，但养护时间长、模板周转率低、占用场地大，我国南方地区的台座法生产多用自然养护。

蒸汽养护可缩短养护时间，模板周转率相应提高，占用场地大大减少。蒸汽养护是将构件放置在有饱和蒸汽或蒸汽与空气混合物的养护室（或窑）内，在较高温度和湿度的环境中进行养护，以加速混凝土的硬化，使之在较短的时间内达到规定的强度标准值。

蒸汽养护效果与蒸汽养护制度有关，它包括养护前静置时间、升温和降温速度、养护温度、恒温养护时间、相对湿度等。

蒸汽养护的基本要求如下：

1）采用蒸汽养护时，应分为静养、升温、恒温和降温四个阶段。

2）静养时间根据外界温度一般为 2~3h。

3）升温速度宜为每小时 10~20℃。

4）降温速度不宜超过每小时 10℃。

5）柱、梁等较厚的 PC 结构构件养护最高温度宜控制在 40℃，楼板、墙板等较薄的构件养护最高温度应控制在 60℃ 以下，持续时间不小于 4h。

6）当构件表面温度与外界温差不大于 20℃ 时，方可撤除养护措施。

7）当蒸养环境温度小于 15℃ 时，需适当增加升温和降温时间。

预制混凝土构件技术要求见表 3-3。

表 3-3　预制混凝土构件技术要求

序　　号	构件名称	强度等级	坍　落　度	保塑时间	凝结时间	出厂强度
1	阳台板	C30	160mm	45~60min	4~6h	≥30MPa
2	楼梯	C30	160mm	45~60min	4~6h	≥30MPa
3	空调板	C30	160mm	45~60min	4~6h	≥30MPa
4	预制梁	C30	160mm	45~60min	4~6h	≥30MPa

7. 脱模与表面修补

1）构件脱模应严格按照顺序拆除模具。

2）构件脱模时，应仔细检查确认构件与模具之间的连接部分完全拆除后方可起吊。

3）预制混凝土构件的脱模起吊时，同条件养护的混凝土立方体抗压强度应根据设计要求确定。对于预制混凝土构件的运输、起吊强度，应根据设计要求或具体生产条件确定所需的混凝土标准立方体抗压强度，运输、起吊强度不低于设计强度的 75%。

4）构件起吊应平稳，楼板应采用专用多点吊架进行起吊，复杂构件应采用专门的吊架进行起吊。

5）构件脱模后，不存在影响结构性能、钢筋、预埋件或者连接件锚固的局部破损和构件表面的非受力裂缝时，可用修补浆料进行表面修补后使用。

6）构件脱模后，构件出现破损时应对出现的质量缺陷应采用专用材料修补，修补后的混凝土外观质量应满足设计要求。

8. 产品出厂

为防止构件出现批量性品质问题，构件生产应执行首件检验制度。首件生产时，甲方、监理、营销、生产、技术等部门均应参加，首件产品符合工程要求后方可正式批量生产。检查合格的产品出货前粘贴合格证。产品标识内容包含产品名称、编号、规格、设计强度、生产日期、合格状态等。

3.5　PC 结构构件的堆放及运输

3.5.1　构件堆放

PC 结构构件生产后，需要放置在专门的构件堆放区，并根据构件种类、大小、功能堆放。PC 结构构件堆放如图 3-22 所示。

图 3-22　PC 结构构件堆放

1. 构件存放要求

1）应该设立专门的成品堆放区域，对存放场地占地面积进行计算，编制存放场地平面布置图。

2）场地应平整、坚实，并采取排水措施。

3）构件堆放时，最下层构件应垫实，吊环宜向上，标识向外。

4）PC 结构构件存放区应按构件型号、类型进行分区，集中存放。成品之间应有足够的空间或木垫，防止产品相互碰撞造成损坏。

2. 成品保护要求

PC 结构成品保护应符合《装配整体式混凝土结构施工及质量验收规范》（DGJ 08—2117—2012）的规定，并符合如下要求：

1）预制剪力墙、柱进场后堆放不得超过四层。

2）预制剪力墙、柱吊装施工之前，应采用橡塑材料保护预制剪力墙、柱成品阳角。

3）预制剪力墙、柱在起吊过程中应采用慢起、快升、缓放的操作方式，防止预制剪力墙、柱在吊装过程与建筑物碰撞造成缺棱掉角。

4）预制剪力墙、柱在施工吊装后不得踩踏预留钢筋，避免其偏位。

5）预制外墙板饰面砖、石材、涂刷表面可采用贴膜保护。

6）PC 结构构件暴露在空气中的预埋铁件应涂抹防锈漆，防止产生锈蚀。

7）预埋螺栓孔应用海绵棒进行填塞，防止混凝土浇捣时将其堵塞。外露螺杆应套塑料帽或用泡沫材料包裹以防碰坏螺纹。

8）对连接止水条、高低口、墙体转角等易损部位，应采用定型保护垫块或专用套件加强保护。

9）PC 结构吊装完成后，外墙板预埋门、窗框及预制楼梯要进行成品保护，防止其他工种施工过程中对其造成损坏。门、窗框应用槽型木框保护，楼梯踏步宜铺设木板或用其覆盖形式保护。

3.5.2 构件运输

PC 结构构件在运输过程中应做好安全防护和成品防护，并应符合下列规定：

1）运输时宜采取如下防护措施：

① 设置柔性垫片，避免构件边角部位和连锁接触处的混凝土损伤。

② 用塑料薄膜包裹垫块避免预制构件外观污染。

③ 墙板门窗框、装饰表面和棱角采用塑料贴膜或其他措施防护。

④ 竖向薄壁构件设置临时防护支架。

⑤ 装箱运输时，箱内四周采用木材或柔性垫片填实，支撑牢固。

2）应根据构件特点采用不同的运输方式。

① 托架、靠放架、插放架应进行专门设计，进行强度、稳定性和刚度验算。

② 外墙板宜采用竖直立放运输，装饰面层应朝外，梁、板、楼梯、阳台宜采用水平运输。

③ 采用靠放架立式运输时，构件和地面倾斜角度宜大于 80°，构件应对称靠放，每侧不大于两层，构件层间上部采用木垫块隔离。

④ 采用插放架竖立运输时（图 3-23），应采取防止构件倾倒措施，构件之间应设置隔离垫块。

⑤ 构件水平运输（图 3-24）时，预制梁、柱构件叠放不宜超过三层，板类构件叠放不宜超过六层。

图 3-23　构件竖立运输　　　　　　　　　　　图 3-24　构件水平运输

3）构件运输到现场后，应按照型号、构件所在部位、施工吊装顺序分别设置存放场地，存放场地应在起重机工作范围内。

3.6　PC 结构构件的质量管理

质量管理是保证构件合格的关键，企业应该配备专业的质量检测及管理人员，该人员须具备相应的工作能力。质量管理人员须和各岗位人员配合做好构件生产原材料、生产过程、成品检测等过程的质量检查及控制。

3.6.1　原材料质量控制

混凝土原材料符合下列相关标准要求：

1）水泥宜采用不低于强度等级 42.5 的硅酸盐、普通硅酸盐水泥。

2）细骨料宜选用细度模数为 2.3~3.0 的中粗砂。

3）粗骨料宜选用粒径为 5~25mm 的碎石。

4）粉煤灰应符合 Ⅰ 级或 Ⅱ 级各项技术性能及质量指标。

5）外加剂品种应通过实验室进行试配后确定，质量应符合有关环境保护的规定。

6）预应力混凝土结构中，严禁使用含氯化物的外加剂。

7）PC 结构构件混凝土强度等级不宜低于 C30；预应力混凝土构件的混凝土强度等级不宜低于 C40，且不应低于 C30。

3.6.2　生产过程质量控制

1）构件生产过程中，应有检查记录和验收合格单。

2）预制构件生产过程中需要对以下工序进行质量检查：模具组装、钢筋及网片安装、预留及预埋件布置、夹心外墙板、混凝土浇筑、成品外观及尺寸偏差、外装饰外观、门窗框预埋等。

3）隐蔽工程检查：在混凝土浇筑之前，应进行 PC 结构构件的隐蔽工程验收，重点检查预留钢筋、连接件、预埋件和预留孔洞的规格、数量是否符合设计要求，允许偏差应满足相关品质规定。

4）预制混凝土构件观感质量不宜有一般缺陷，对于已经出现的一般缺陷，应按技术处理方案进行处理，并重新检查验收。

3.6.3 成品检验

PC 结构构件出厂前进行成品质量验收。检查项目包括下列内容：

1）PC 结构构件的外观质量：表面光洁平整，无蜂窝、塌落、露筋、空鼓等缺陷。表 3-4为常见外观质量缺陷分类，图 3-25 为表面缺陷的构件。

表 3-4 构件外观质量缺陷分类

名　　称	现　　象	严 重 缺 陷	一 般 缺 陷
露筋	构件内钢筋未被混凝土包裹而外露	纵向受力钢筋有露筋	其他钢筋有少量露筋
蜂窝	混凝土表面缺少水泥砂浆而形成石子外露	构件主要受力部位有蜂窝	其他部位有少量蜂窝
孔洞	混凝土中孔穴深度和长度均超过保护层厚度	构件主要受力部位有孔洞	其他部位有少量孔洞
夹渣	混凝土中夹有杂物且深度超过保护层厚度	构件主要受力部位有夹渣	其他部位有少量夹渣
疏松	混凝土局部不密实	构件主要受力部位有疏松	其他部位有少量疏松
裂缝	缝隙从混凝土表面延伸至混凝土内部	构件主要受力部位有影响结构性能或使用功能的裂缝	其他部位有少量影响结构性能或使用功能的裂缝
连接部位缺陷	构件连接处混凝土缺陷及连接钢筋、连接件松动，钢筋严重锈蚀、弯曲，灌浆套筒堵塞、偏移，灌浆孔洞堵塞、偏位、破损等缺陷	连接部位有影响结构传力性能的缺陷	连接部位有基本不影响结构传力性能的缺陷
外形缺陷	缺棱掉角、棱角不直、翘曲不平、飞出凸肋等，装饰面砖粘结不牢、表面不平、砖缝不顺直等	清水或具有装饰的混凝土构件内有影响使用功能或装饰效果的外形缺陷	其他混凝土构件有不影响使用功能的外形缺陷
外表缺陷	构件表面麻面、掉皮、起砂、玷污等	具有重要装饰效果的清水混凝土构件有外边缺陷	其他混凝土构件有不影响使用功能的外形缺陷

构件外观质量要求及检验方法见表 3-5。

表 3-5 构件外观质量要求及检验方法

项　　目	现　　象	质 量 要 求	检验方法
露筋	钢筋未被混凝土完全包裹	受力主筋不应有，其他构造钢筋和箍筋允许少量	观察
蜂窝	混凝土表面石子外露	受力主筋部位和支撑点位置不应有，其他部位允许少量	观察

（续）

项 目	现 象	质 量 要 求	检 验 方 法
孔洞	混凝土中孔穴深度和长度超过保护层	不应有	观察
外形缺陷	缺棱掉角、表面翘曲	清水表面不应有，混水表面不宜有	观察
外表缺陷	表面麻面、起砂、掉皮、污染、门窗框材划伤	清水表面不应有，混水表面不宜有	观察
连接部位缺陷	连接钢筋、连接件松动	不应有	观察
破损	影响外观	影响结构性能的裂缝不应有，不影响结构性能和使用功能的破损不宜有	观察
裂缝	裂缝贯穿保护层到达构件内部	影响结构性能的裂缝不应有，不影响结构性能和使用功能的裂缝不宜有	观察

2）预制构件的外形尺寸大小无偏差。

3）预制构件的钢筋、连接套筒、预埋件、预留孔洞等。

4）构件的外装饰和门窗框。

检验合格后，应在明显部位标识构件型号、生产日期和质量验收合格标志，并由质检人员应对产品签发准用证，检验不合格的产品不允许出厂和使用。

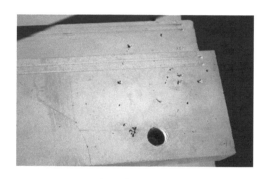

图 3-25 表面缺陷的 PC 结构构件

本章小结

本章系统地介绍了装配式混凝土结构构件的种类，生产过程以及堆放和运输要求等内容。其中：第一节主要介绍 PC 结构构件的特点和分类，第二节主要介绍 PC 结构构件的生产设备，第三节主要介绍 PC 结构构件的生产流程和基本要求，第四节主要介绍 PC 结构构件生产前准备和生产过程管理，第五、六节介绍了 PC 结构构件的堆放、运输以及质量管理的内容。希望通过本章的学习，读者能对装配式混凝土结构的主要构件和其生产过程有系统的了解。

复习思考题

1. 常用的 PC 结构构件都有哪些？PC 结构构件如何分类？
2. PC 结构构件的生产过程中，如果做好质量管理？

3. 混凝土浇筑前，应对钢筋以及预埋件进行隐蔽工程检查，检查的内容有哪些？

4. PC 结构成品保护应符合哪些规定？

5. PC 结构构件在运输过程中应做好安全防护和成品防护，应符合哪些规定？

6. 构件蒸汽养护的基本要求有哪些？

7. PC 结构构件出厂前进行成品质量验收，成品检查项目包括哪些内容？

第4章　PC结构构件的吊装技术

内容提要

本章主要讲 PC 结构构件的吊装技术，包括起重设备的选择、吊装与吊具应用、吊装过程中的技术操作要求。主要涉及的 PC 结构构件包括：预制梁、柱、楼板和墙板。

课程重点

1. 掌握主要吊装设备的选择方法。
2. 掌握 PC 结构构件的吊装流程。

4.1　起重设备的选择

4.1.1　塔式起重机

塔式起重机通常被称为塔吊，它是一种塔身直立，起重臂安装在塔身顶部且可作 360°回转的起重机（图 4-1）。这种起重机具有工作幅度和起重高度较大、工作效率和工作速度较高、拆装方便等优点，故被广泛应用于多层及高层民用建筑和多层工业厂房结构的施工中。

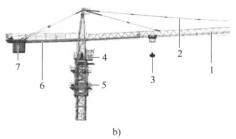

a)　　　　　　　　　　　　　　　　b)

图 4-1　塔式起重机

a) 塔式起重机工作图　b) 各个位置的名称示意图

1—起重臂　2—拉杆　3—吊钩　4—宽视野驾驶室　5—套架　6—平衡臂　7—平衡重

塔式起重机一般可按行走机构、变幅方式、回转机构的位置以及爬升方式的不同分成许多类型，如：轨道式、爬升式和附着式等（图 4-2）。

图 4-2 塔式起重机的类型

a）轨道式 b）爬升式 c）附着式

4.1.2 自行式起重机

自行式起重机是指自带动力并依靠自身的运行机构沿有轨或无轨通道运动的臂架型起重机。它分为汽车式起重机、轮式起重机、履带式起重机、铁路起重机和随车起重机等几种，汽车起重机和履带式起重机如图 4-3 所示。

图 4-3 两种自行式起重机

a）汽车式起重机 b）履带式起重机

自行式起重机分为上下两大部分：上部为起重作业部分，称为上车；下部为支撑底盘，称为下车。动力装置采用内燃机，传动方式有机械、液力-机械、电力和液压等几种。自行式起重机具有起升、变幅、回转和行走等主要机构，有的还有臂架伸缩机构。臂架有桁架式和箱形两种。有的自行式起重机除采用吊钩外，还可换用抓斗和起重吸盘。表征其起重能力的主要参数是最小幅度时的额定起重量。

4.1.3 钢丝绳

钢丝绳是起重机械中用于悬吊、牵引或捆绑重物的挠性件。它一般由许多根直径为 0.4~2mm、抗拉强度为 1200~2200MPa 的细钢丝按一定规则捻制而成。

工程中常用的是双绕钢丝绳，是由细钢丝捻成股，再由多股围绕绳芯绕成钢丝绳（图 4-4）。按照捻制方向不同可分为：同向绕、交叉绕和混合绕三种（图 4-5）。工程中常用的钢丝绳截面如图 4-6 所示。

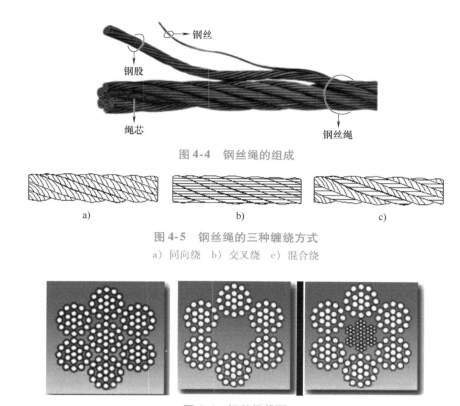

图 4-4　钢丝绳的组成

图 4-5　钢丝绳的三种缠绕方式
a）同向绕　b）交叉绕　c）混合绕

图 4-6　钢丝绳截面

4.1.4　构件吊装步骤

1）PC 结构装配式构件，按构件形式和数量划分为：装配式预制墙板、预制叠合楼板、预制叠合阳台、预制楼梯、预制梁和预制柱等，由工厂化生产后运送至工地，直接用于现场装配与吊装（图 4-7）。

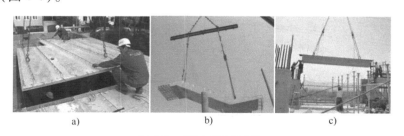

图 4-7　装配式构件吊装
a）预制叠合楼板　b）预制楼梯　c）预制梁

2）按照最大单件装配起重量的吨量设计要求，经选型、比较，采用适合的起重机型号，大臂长度按照建筑结构构件吊点位置，结合构件堆场选择。选用的起重机应由专业机械施工单位安装。

3）起重机安装顺序如图 4-8 所示。

4）起重机待基础结构完成后，即施工至 ±0.00 后在上部装配式结构施工时，再安装使用。

图 4-8　起重机安装顺序

a）基座就位　b）支撑层安装　c）控制室安装　d）配重臂安装　e）吊臂安装　f）增加模块

4.1.5　起重机布置

　　PC 结构楼的起重机布置要考虑两个方面的因素：①结构形式；②最大起重量位置。对起重机位置需要进行充分考虑，以实现合理布置，这将有利于 PC 结构构件的吊装装配施工。

　　按照预制装配式结构的施工特点进行起重机现场布置，如图 4-9 所示。

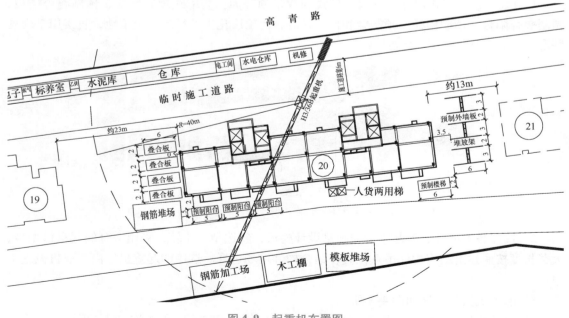

图 4-9　起重机布置图

4.2　吊装与吊具应用

4.2.1　吊索选择

钢丝绳吊索，一般选型号为 6×19（6 股每股 19 根）互捻钢丝绳，此钢丝绳强度较高，吊装时不易扭结。吊索安全系数 n 为 $6 \sim 7$，吊索大小长度应根据吊装构件重量和吊点位置计算确定。吊索和吊装构件吊装夹角度一般不小于 45°。

4.2.2　卸扣选择

卸扣（图 4-10）大小应与吊索相配，选择的卸扣一般应该等于或大于吊索的承载力。

4.2.3　手拉葫芦选择

手拉葫芦（图 4-11）用来完成构件卸车时的翻转和构件吊装时的水平调整工作。手拉葫芦在吊装中受力一般大于所配吊索，吊装前要根据构件重量设置位置，翻转吊装和水平调整过程中手拉葫芦的最不利角度通过计算来确定，一般选用 3t 手拉葫芦即可。

图 4-10　常用的卸扣形式　　　　　　　　　　　图 4-11　手拉葫芦

4.2.4　场地规划及卸车码放

1）PC 结构构件进场后应贮存在预留场地，预留场地应平整坚实，最好预留排水系统。

2）根据构件特点堆放，如：预制楼梯码放不超过三层；预制阳台码放不超过两层。

3）施工单位需提前规划运输车的行车路线并沟通运输配置事宜。

4）每栋楼贮存两层构件以满足吊装和运输的经济合理性要求。

5）PC 结构构件码放时要求垫木上下对齐，避免因垫木上下位置不齐导致构件局部压力过大造成剪切性裂缝或破坏。

4.3 吊装过程中的技术操作要求

4.3.1 PC 结构吊装施工特点及吊装施工流程

1. PC 结构吊装施工特点

由于 PC 结构墙板是工厂制作，且墙板的外饰贴面及门窗框已完成，故在墙板运输时应对外饰贴面及门窗框采取保护，墙板竖向运输时，要专门设计搁置钢架，在墙板搁置点设置橡胶衬垫。

在 PC 结构墙板安装过程中，必须根据构件重量和形状特点设计专用夹具，并采取一定的保护措施，防止墙板在运输、堆放和安装过程中变形和墙板的外饰贴面及门窗框的损坏。

PC 结构墙板和楼板的吊装采用塔式起重机，不但要满足 PC 结构吊装要求，在起重能力和经济条件相同的情况下，尽可能选择塔身截面大的起重机，以减小塔机在吊装中的晃动。预制墙板吊装如图 4-12 所示。

由于用塔式起重机吊装墙板时要解决构件晃动和精确就位的难题，对机操人员和安装人员有较高的要求。他们不但要了解 PC 结构吊装技术，还要熟练掌握 PC 结构吊装技能。

PC 结构墙板的安装精度高、校正难度大，需要设计专门定位和导向装置，保证结构安装顺利进行。墙板吊装到位后，要有专用调节固定装置，临时固定后，再脱钩。预制墙板的临时固定如图 4-13 所示。

图 4-12　预制墙板吊装　　　　　　图 4-13　预制墙板的临时固定

2. PC 结构吊装施工流程

1）制定吊装方案。

2）进行吊装前准备工作，吊具准备如图 4-14 所示。

图 4-14　吊具准备

3）PC 结构构件起吊，如图 4-15 所示。

图 4-15　PC 结构构件起吊

4）临时固定和矫正。预制构件支撑及矫正如图 4-16 所示。

5）PC 结构构件脱钩，如图 4-17 所示。

图 4-16　PC 结构构件支撑及矫正

图 4-17　PC 结构构件脱钩

4.3.2　PC 结构构件吊装

1. PC 结构构件吊装绑扎方法及加强措施

1）PC 结构构件吊装绑扎方法包括对称构件吊装绑扎法和不对称构件吊装绑扎法，如图 4-18 所示。

2）PC 结构构件在运输翻转吊装时加强措施。对侧向刚度差的 PC 结构构件，可通过在构件上加临时撑杆方法进行加固（图 4-19），撑杆与构件通过预埋螺母连接。在构件运、翻转、吊装时支撑点设置在加强撑杆上，保证构件在运输、翻转、吊装中不变形。

3）钢横梁应用。对长度较大，侧向强度差的墙板，可采用钢横梁翻转和吊装，如图 4-20 所示。

4）PC 结构构件采用现场翻转操作要求。翻转是 PC 结构构件运输到工地堆放中必须完成一项

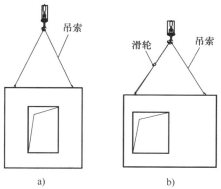

图 4-18　PC 结构构件吊装绑扎方法

a）对称构件吊装绑扎　b）不对称构件吊装绑扎

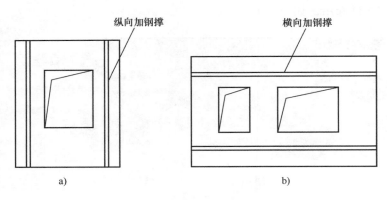

图 4-19 构件的加强措施

a) 纵向加强措施 b) 横向加强措施

工作，在构件翻转时一般用四根吊索，即两长两短加两只手动葫芦，起吊前将吊索调整到相同长度，带紧吊索。将墙板吊离地面，然后边起高墙板边松手动葫芦，到墙板拎直，松去墙板下面带葫芦吊索，把墙板吊到钢架上。翻转吊装如图 4-21 所示。

图 4-20 吊装时采用钢横梁 　　　　　　　　 图 4-21 翻转吊装

2. PC 结构构件就位和临时固定

根据 PC 结构构件安装顺序起吊，起吊前吊装人员应检查所吊构件型号规格是否正确，外观质量是否合格，确认后方能起吊。构件离地后应先将构件安装面用手拉葫芦调平，构件根部系好缆风绳。在构件安装位置标出定位轴线，装好临时支座。将构件吊到就位处，将构件对准轴线，然后构件与临时支座用螺栓连接，在构件上端安装临时可调节斜撑。在构件吊装过程中由于构件引风面大，在构件下降时，可采用慢就位机构使之缓慢下降。要通过构件根部系好缆风绳控制构件转动，保证构件就位平稳。为克服塔式起重机吊装墙板就位时晃动，可在墙板和安装面安装设计临时导向装置，使吊装墙板一次精确到位。构件就位临时固定后，必须经过吊装指挥人员确认构件连接牢固后方能松钩。

4.3.3 PC 结构构件调节及就位

构件安装初步就位后，对构件进行三向微调，确保 PC 结构构件调整后标高一致、进出一致、板缝间隙一致，并确保垂直度。根据相关工程经验并结合工程实际，每块 PC 结构构件采用两根可调节水平拉杆、两根可调节斜拉杆以及两枚标高控制螺杆进行微调。图 4-22 为预制外墙支撑构造。

1. 构件水平高度调节

构件高度调节采用标高控制螺杆，每一块 PC 结构构件左右各设置一道标高控制螺杆，如图 4-23 所示，拧下螺杆抬高 PC 结构构件标高，拧出螺杆降低 PC 结构构件标高。

构件标高通过精密水准仪复核。每块板块吊装完成后须复核，每个楼层吊装完成后须统一复核。

高度调节前须做好以下准备工作：①引测楼层水平控制点；②每块预制板面按照前文所述标准弹出水平控制墨线；③相关人员、测量仪器和校验工具均到场。

2. 构件左右位置调节

待 PC 结构构件高度调节完毕后，进行板块水平位置微调，微调采用液压千斤顶，以每块 PC 结构构件板底∟80×50×5 角钢（图 4-23）为顶升支点进行左右调节。

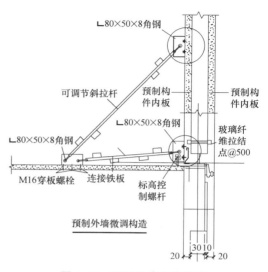

图 4-22　预制外墙支撑构造

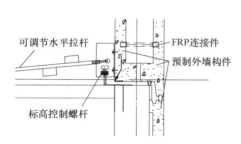
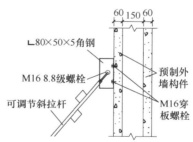

图 4-23　可调节区域详图

构件水平位置复核，通过钢卷尺测量构件边与水平控制线间的距离来进行复核。每块板块吊装完成后须复核，每个楼层吊装完成后须统一复核。

水平调节前须做好以下准备工作：①按照前文标准引测结构外延控制轴线以及 PC 结构构件表面弹出竖向控制墨线；②相关人员、测量仪器和校验工具均到场。

3. 构件进出调节

构件进出调节采用可调节水平拉杆，每一块 PC 结构构件左右各设置一道可调节水平拉杆，如图 4-23 所示，拉杆后端均牢靠固定在结构楼板上。拉杆顶部设有可调螺纹装置，通过旋转杆件，可以对 PC 结构构件底部形成推拉作用，起到板块进出调节的作用。

构件进出量通过用钢卷尺测量来进行复核。每块板块吊装完成后须复核，每个楼层吊装完成后须统一复核。

进出调节前需做好以下准备工作：①引测结构外延控制轴线；②以控制轴线为基准在楼板上弹出进出控制线；③相关人员、测量仪器，调校工具到位。

4. 构件垂直度调节

构件垂直度调节采用可调节斜拉杆，每一块预制构件左右各设置一道可调节斜拉杆，如图4-23所示，拉杆后端均牢靠固定在结构楼板上。拉杆顶部设有可调螺纹装置，通过旋转杆件，可以对预制构件顶部形成推拉作用，起到调节板块垂直度的作用。

构件垂直度通过垂准仪来进行复核。每块板块吊装完成后须复核，每个楼层吊装完成后须统一复核。

5. 构件吊装验收标准

吊装调节完毕后，须进行验收。验收通过后，方可进行板下口角钢焊接固定操作，如图4-24所示。构件吊装验收项目及标准见表4-1。

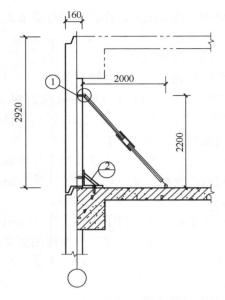

图4-24 焊接固定操作

表4-1 构件吊装验收项目及标准

项 目	允许偏差/mm	检 验 方 法
轴线位置	5	钢尺检查
底模上表面标高	±5	精密水准仪
每块外墙板垂直度	5	2m靠尺检查
相邻两板高低差	2	2m靠尺和塞尺检查
外墙板外表面平整度	3	2m靠尺和塞尺检查
外墙板单边尺寸偏差	±3	钢尺量一端及中部，取其中较大值
水平拉杆位置偏差	±20	钢尺检查
斜拉杆位置偏差	±20	钢尺检查

📐 本章小结

本章主要对吊装设备及吊装流程进行介绍，希望通过本章的学习，读者能够掌握PC结构构件的吊装设备及吊装过程，以及吊装的注意事项。

复习思考题

1. 塔式起重机的布置原则有哪些？
2. PC结构构件的吊装流程是怎样的？

第5章　装配式混凝土结构工程施工管理

内容提要

本章主要介绍装配式混凝土结构工程施工管理，其中包括装配式混凝土结构工程的施工管理目标、装配式施工与传统施工的比较、施工组织设计编制、装配整体式混凝土结构工程施工管理、PC 结构构件安装施工、质量保证措施，以及 PC 结构构件施工安全管理等内容。

课程重点

1. 掌握装配式混凝土结构工程的施工管理的内容。
2. 熟悉不同类型的装配式混凝土结构建筑体系的施工流程。
3. 熟悉预制柱、预制梁、预制墙板、预制楼梯、预制阳台等构件的安装过程。
4. 掌握 PC 结构构件与现浇结构的连接方式以及实现方法。

5.1　装配式混凝土结构工程的施工管理目标

装配式混凝土结构工程的施工管理主要是根据装配式建筑的特点，做好施工过程中的质量管理、进度管理、成本管理、安全文明管理、绿色施工等管理工作，保证项目在工期内保质保量的完成，顺利完成项目验收交接工作。

装配式混凝土结构工程与传统现浇工程相比在工程质量的控制上有更高的挑战，其施工管理总体目标为：在项目工期内、成本可控的范围内，按照施工组织计划高质量地完成项目的交付工作。

1. 质量可控

工业化生产，用机器取代人工，等于消除了工人在生产过程中犯错误的可能，机械设备的可靠性远高于工人现场操作施工的可靠性，能够有效避免传统施工方式中工人素质、技术能力和责任心等因素带来的质量风险，可以做到质量可控。

2. 成本可控

工业化生产，对原材料、机械设备和人工的使用量均能准确计算，现场施工环节、工序简单，施工全过程可预知、可模拟，能够有效避免传统施工方式施工过程中的原材料价格波动、劳动力成本变化、现场变更签证等成本风险，可以做到成本可控。

3. 进度可控

在设备产能、原材料供应充足的情况下，工业化的构配件生产进度完全可控；现场总装过程工序简单，能够有效避免传统施工方式施工过程中面临的劳动力不足、材料供应不畅、天气因素等进度风险，可以做到进度可控。

5.2 装配式施工与传统施工的比较

1. 机械化程度高

随着大量构件工厂化生产，现场施工主要为机械化安装，施工速度快，工人数量少，构件拆分和生产的统一性保证了安装的标准性和规范性，大大提高了工人的工作效率和机械利用率。

2. 绿色工地

与传统施工方式对比，装配式施工具有许多优点，包括：施工现场取消外架，取消室内、外墙抹灰工序和楼板底模，钢筋由工厂统一配送，墙体塑料模板取代传统木模板，现场建筑垃圾大幅减少。装配式施工与传统施工工地情况对比如图 5-1 所示。

图 5-1 装配式施工与传统施工工地情况对比

3. 施工过程标准化

PC 结构构件在工厂预制，运输至施工现场后通过大型起重机械吊装就位。施工工地没有混凝土浇筑、钢筋绑扎和支模板等大量的现场作业。由于将结构主体拆分为柱、墙、梁、板和楼梯等标准构件，因此现场需要严密的施工计划，吊装、安装过程要求标准化。装配式建筑施工与传统施工过程对比如图 5-2 所示。

a)   b)

图 5-2 装配式建筑施工与传统施工过程对比

a）PC 结构构件吊装施工 b）传统施工过程

4. 施工人员产业化

与现浇混凝土建筑工程相比，PC 结构工程施工现场作业工人减少，特别是有些工种大幅减少，如模具工、钢筋工、混凝土工等。PC 结构作业也增加了一些新工种，如信号工、起重工、安装工、灌浆工等。因为这些新工种对工人的专业知识和技术要求更高，所以这些工种需要将原来的普通建筑工人转变为专业的装配式产业工人。

5. 工程管理信息化

构件从工厂生产到运输，再到施工现场组装，整个过程都需要准确到位，为了便于更好地管理与实施，需要借助 BIM 技术的信息化功能。利用 BIM 可以帮助工人迅速掌握吊装、安装工艺，利用构件二维码（图 5-3）、RFID（射频识别）等技术可以实现构件生产、运输、进场、安装等的信息化管理（图 5-4）。同时，装配式建筑的发展也促进了建筑信息化的程度。

图 5-3　构件二维码　　　　　　　图 5-4　利用 BIM 进行信息化管理

5.3　施工组织设计编制

在编制施工组织设计之前，需仔细了解设计单位的相关设计资料。施工组织设计要符合现行装配式施工质量相关验收国家标准《混凝土结构工程施工规范》（GB 50666—2011）等的要求，充分考虑装配式混凝土结构的工序工种繁多、各工种配合要求高、传统施工和 PC 结构构件吊装施工等交叉作业因素。本节主要针对施工组织设计编制的内容进行介绍。

1. 工程概况、编制依据、工程主要特点

工程概况主要包括：工程名称、面积、地点、工程建筑、结构概况等基本信息。编写依据主要参考相应的国家标准及规范。工程主要特点包括：工程结构特点、新技术的应用、工程施工难点、重点等说明。

2. 施工部署

施工部署一般包括工程管理的目标以及实施准备。其中，工程目标主要包括施工质量目标、安全目标、施工进度目标、绿色环保等目标。工程准备主要包括：技术准备、物资、人力准备等。

3. 施工工期计划

在编制施工工期计划前应明确项目的总体施工流程、PC 结构构件制作流程、标准层施工流程等。在编制工程整体流程的时候要充分考虑 PC 结构构件的吊装与传统现浇结构施工的交叉作业，明确两者之间的划分及相互之间的协调。此外还要考虑起重设备作业工种的影响，尽可能做到流水作业，提高施工效率、缩短施工工期。

4. 临时设施布置计划

在编制设施布置计划的时候，除了传统的生活办公设施、施工便道、仓库及堆场等布置外，还要结合 PC 结构构件的数量、种类、位置，结合运输条件、垂直运输设备吊运半径等因素，编制合理的设施布置计划。

5. 机具、设备、工具计划

根据施工技术方案设计，制定需要的各种机具、设备、工具计划。

6. PC 结构构件的存放、进场、吊装计划

根据项目的进度，合理协调构件厂的生产计划，充分考虑交通因素，做好 PC 结构构件的进场顺序，并做好构件进场后的存放、吊装计划。

7. 主要分项工程施工计划

主要分项工程的施工计划主要包括各分项工程的施工难点、重点的工艺流程及方法，其中包括预制结构分项工程、模板分项工程、钢筋分项工程、混凝土分项工程、现浇结构分项工程等。装配整体式结构子分部工程主要验收内容见表 5-1。

表 5-1　装配整体式结构子分部工程主要验收内容

子分部工程	序　号	分 项 工 程	主 要 验 收 内 容
装配整体式 混凝土结构	1	预制结构分项工程	构件质量证明文件 连接材料、防水材料质量证明文件 PC 结构构件安装、连接、外观
	2	模板分项工程	模板安装、模板拆除
	3	钢筋分项工程	原材料、钢筋加工、钢筋连接、钢筋安装
	4	混凝土分项工程	混凝土质量证明文件 混凝土配合比及强度报告
	5	现浇结构分项工程	外观质量、位置及尺寸偏差

8. 质量管理计划

装配式建筑对构件的吊装、安装比传统现浇结构建筑有更高的质量要求，所以在质量管理计划中应明确质量管理的目标，并围绕管理目标重点开展 PC 结构构件制作、吊装、施工等过程的质量控制以及各不同施工段的重点质量管理规划及组织实施。做好施工人员的安装培训，使工程项目保质保量完成。

9. 安全管理计划

装配混凝土结构工程施工前，应对施工现场可能发生的危害、灾害和突发事件制定应急预案，并应进行安全技术交底，做好安全管理措施编写、现场人员安全培训、PC 结构构件的运输、吊装、安装等规范施工等工作。

5.4　装配整体式混凝土结构工程施工管理

装配整体式混凝土结构是由预制混凝土构件通过可靠的连接方式与现场后浇混凝土、水泥基灌浆料形成整体的装配式混凝土结构。装配整体式混凝土结构具有较好的整体性和抗震性。目前，大多数多层和全部高层装配式混凝土结构建筑采用装配整体式混凝土结构，有抗震要求的低层装配式建筑也多是装配整体式混凝土结构。

常见的装配式混凝土结构建筑包括装配整体式框架结构、装配整体式剪力墙结构、装配整体式框架-现浇剪力墙结构三种不同的结构体系。不同的结构形式在施工过程中的流程和管理重点也略有不同。施工实施主体在制定 PC 结构构件吊装整体流程时，要合理安排工

期。下面就不同的结构形式分别介绍施工流程。

5.4.1　施工流程遵循的基本原则

无论什么形式的装配式混凝土结构的施工流程都遵循 PC 结构构件和连接构件同步安装，"先柱、梁，后外墙构件"的安装顺序，下面就这两点进行说明。

1. PC 结构构件与连接结构同步安装

建筑主体结构施工过程中装配式预制混凝土构件与连接结构同步安装是指建筑结构构件在工厂中预制成最终成品并运送至施工现场后，用塔式起重机将其吊运至结构施工层面并安装到位，与混凝土结构中的现浇柱、墙同步施工，并最终在该层结构所有预制和现浇构件施工完成后，浇筑混凝土形成整体。

2. "先柱、梁结构，后外墙构件"

装配式混凝土结构"先柱、梁结构，后外墙构件"安装是指在建筑主体结构施工中，先将主体结构承重部分的柱、梁、板等结构施工完成，待现浇混凝土养护达到设计强度后，再将工厂中预制完成的外墙构件安装到位，从而完成整个结构的施工。装配式混凝土结构建筑施工安装总体流程如图 5-5 所示。

5.4.2　装配整体式框架结构的施工流程

装配整体式框架结构体系的主要 PC 结构构件有预制柱、预制梁、预制叠合楼板等。装配整体式框架结构体系是近几年发展起来的，主要参照日本的相关技术，包括鹿岛、前田等公司的技术体系，同时结合我国特点研究而形成的结构技术体系。目

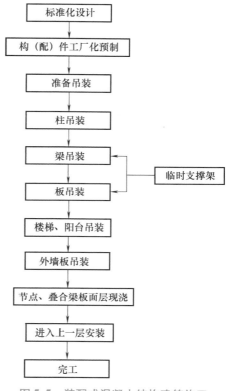

图 5-5　装配式混凝土结构建筑施工
安装总体流程

前，我国装配整体式框架结构的适用高度较低，一般适用于低层、多层和高度适中的高层建筑。这种结构形式要求具有开敞空间和相对灵活的室内布局。相对于其他的结构体系，该体系连接节点单一、简单，结构构件的连接可靠并容易得到保证，方便采用等同现浇的设计概念。框架结构布置灵活，很容易满足不同建筑功能需求，结合外墙板、内墙板以及预制楼板等的应用，预制率可以达到很高的水平。

标准层的具体施工流程为：先进行预制柱的放线、吊装、固定及灌浆，预制梁的放样、吊装及固定安装，接着进行预制楼板放样、安装及定位，再进行叠合楼板钢筋绑扎、连接、预埋件安装，最后进行现浇节点及叠合楼板的混凝土浇筑、养护等工作。装配整体式框架结构标准层施工流程如图 5-6 所示。

本环节中预制柱连接节点的灌浆施工环节是整个 PC 结构构件施工过程中的关键工序，直接影响工程的质量，所以在灌浆前应检查灌浆材料的相关指标是否满足设计要求。灌浆过程中

对工艺过程进行严格检查。灌浆后对节点灌浆是否密实进行检查，保证灌浆环节的质量。

5.4.3 装配整体式剪力墙结构的施工流程

装配整体式剪力墙结构的主要结构构件为预制剪力墙。预制剪力墙底部留孔或预埋套筒与预留钢筋通过灌浆进行结构连接。装配整体式剪力墙结构应用最广，使用该结构建造的建筑高度较大，主要应用于高层建筑或者低烈度且高度较大的高层建筑中。

装配整体式剪力墙结构的主要受力构件，如内外墙板、楼板等在工厂生产，并在现场组装而成。PC 结构构件之间通过现浇节点连接在一起，有效地保证了建筑物的整体性和抗震性能。

装配整体式剪力墙结构标准层施工流程如图 5-7 所示，主要包括预制剪力墙的测量放线、预制墙板安装及定位、预制墙板节点钢筋连接及现浇混凝土浇筑等工作。

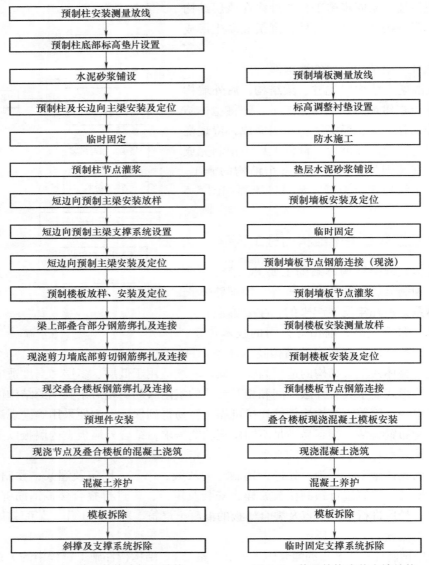

图 5-6 装配整体式框架结构   图 5-7 装配整体式剪力墙结构
　　　　标准层施工流程　　　　　　　　标准层施工流程

5.4.4　装配整体式框架-剪力墙结构施工流程

装配整体式框架-剪力墙结构是由预制柱、梁等框架与剪力墙（预制或者现浇）共同承担竖向和水平荷载和作用的结构，兼有框架结构和剪力墙结构的特点，体系中剪力墙和框架布置灵活，容易实现大空间和较高的适用高度，满足不同建筑功能的要求。主要 PC 结构构件有：预制柱、预制主次梁、（预制或现浇）剪力墙等。当剪力墙在结构集中布置形成筒体时，就成为框架-核心筒结构。根据 PC 结构构件部位的不同，又可以分为装配整体式框架-现浇剪力墙结构、装配整体式框架-现浇核心筒结构、装配整体式框架-预制剪力墙结构三种形式。

主要施工流程包括：预制墙柱安装测量放线、预制墙柱安装及定位、预制墙柱节点灌浆、预制主梁安装放样、预制主梁安装及定位，剪力墙钢筋绑扎及连接现浇叠合部分及节点混凝土浇筑等工序，如图 5-8 所示。

5.4.5　PC 结构构件安装主要工序一般要求

PC 结构构件的安装一般分为三个环节：首先根据 PC 结构构件安装的位置进行预制构件测量、定位，然后把预制构件吊装至相应位置，安装并完成现浇或者采用其他连接方式，最后完成结构构件连接。下面对三个主要步骤进行说明。

1. PC 结构构件测量、定位

1）吊装前，应在构件和相应的支承结构上设置中心线和标高，并应按设计要求校核预埋件及连接钢筋等的数量、位置、尺寸和标高。

2）每层楼面轴线垂直控制点不宜少于四个，楼层上的控制线应由底层向上传递引测。

3）每个楼层应设置一个高程引测控制点。

4）PC 结构构件安装位置线应由控制线引出，每个 PC 结构构件应设置两条安装位置线。

5）预制墙板安装前，应在墙板上的内侧弹出竖向与水平安装线，竖向与水平安装线应与楼层安装位置线相符合（采用饰面砖装饰时，相邻板之间的饰面砖缝应对齐）。

6）预制墙板垂直度测量，宜在构件上设置用于垂直度测量的控制点。

7）在水平和竖向构件上安装预制墙板时，标高控制宜采用放置垫块的方法或在构件上设置标高调节件。

2. PC 结构构件吊装

PC 结构构件吊装施工流程主要包括：吊装器具准

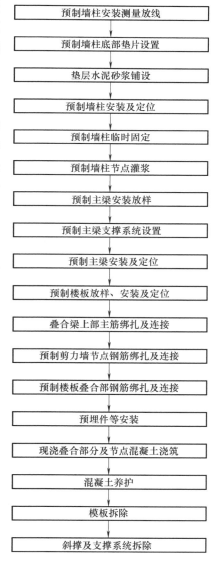

图 5-8　装配整体式框架-剪力墙结构标准层施工流程

备，确定构件方向/编号/主筋位置，起吊、安装，位置调整，构件支撑旋紧，吊具脱钩等主要环节。准备工作有测量放样、临时支撑就位、斜撑连接件安放、止水胶条粘贴等，吊装的一般流程如图5-9所示。

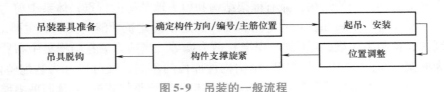

图5-9 吊装的一般流程

预制构件吊装时应注意如下内容：

1）PC结构构件堆放区域要在吊装设备的吊装半径内，避免构件的二次搬运，并保证不影响其他运输车辆的通行。

2）吊装顺序，除了柱、梁、板的吊装顺序之外，同一种构件中也存在不同的吊装顺序，吊装顺序可依据深化设计图和吊装施工顺序图执行。

3）吊装前应该对构件进行质量检查，尤其检查注浆孔的质量并做好内部清理工作。

4）人员、机械设备、构件等就位。不仅要设置专门的吊装指挥人员、信号指挥人员等，还要提前对设备、材料进行确认，保证吊装工作的顺利进行。

关于吊装其他的知识详见本书的第4章。

3. 结构构件连接

装配整体式结构构件连接可采用现浇混凝土连接、钢筋套筒灌浆连接和钢筋浆锚搭接、焊接连接、螺栓连接等方式。PC结构构件与现浇混凝土接触面位置可采用拉毛或表面露石处理，也可采用凿毛处理。PC结构构件插筋影响现浇混凝土结构部分钢筋绑扎时，可采用在PC结构构件上预留内置式钢套筒的方式进行锚固连接。

装配整体式结构的现浇混凝土连接要做到现浇混凝土连接处一次连续浇筑密实，浇筑的强度要求满足设计要求，现浇混凝土的强度等级不应低于连接处PC结构构件混凝土强度等级的最大值。采用焊接或螺栓连接时，应按设计要求进行连接，并应对外露铁件采取防腐和防火措施。

钢筋套筒灌浆连接广泛用于结构中纵向钢筋的连接，包括预制柱、预制墙等竖向构件的连接。钢筋套筒灌浆连接要求套筒的定位必须精准，浇筑混凝土前须对套筒所有的开口部位进行封堵，以防在套筒灌浆前有混凝土进入内部影响灌浆和钢筋的连接效果。钢筋灌浆套筒施工现场如图5-10所示。具体套筒灌浆的施工要求详见本书第5.5节。

图5-10 钢筋灌浆套筒施工现场

钢筋浆锚搭接是装配式混凝土结构钢筋竖向连接形式之一，即在 PC 结构构件中预埋波纹管，待混凝土达到要求强度后，钢筋穿入波纹管，再将浆锚连接专用高强度无收缩灌浆料灌入波纹管养护，以起到锚固钢筋的作用，具体介绍详见本书 2.3.3。

焊接连接、螺栓连接属于干性连接，具体施工要求详见本书第 5.5 节。

5.5 PC 结构构件安装施工

PC 结构构件的吊装施工是装配式建筑施工过程中的重点，根据构件大小、重量、位置的不同需要制定不同的吊装施工方案，本节主要针对预制柱、预制梁、预制叠合楼板、预制外墙板、阳台预制楼梯等主要 PC 结构构件的安装流程及要点进行介绍。

5.5.1 PC 结构构件的安装流程

构件安装一般都要经历绑扎、起吊、就位、临时固定、校正和最后固定等工序。

1）绑扎：绑扎点数和绑扎位置要合理，能保证构件在起吊过程中不致发生永久变形和断裂。绑扎本身要牢固可靠，操作简便。

2）起吊、就位：指起重机将绑扎好的构件安放到设计位置的过程。

3）临时固定：为提高起重机利用率，构件就位后应随即临时固定，以便起重机尽快脱钩起吊下一构件。临时固定要保证构件校正方便，在校正与最后固定过程中不致倾倒。

4）校正：全面校正安装构件的标高、垂直度、平面坐标等，使之符合设计和施工验收规范的要求。

5）最后固定：将校正好的构件按设计要求的连接方法进行最后固定。

5.5.2 PC 结构构件的安装

1. 预制柱的安装

预制柱作为框架结构体系中的主要受力构件之一，其安装与连接直接关乎建筑物质量。预制柱的安装需要严格控制，对其中各个流程要进行严格把控，如图 5-11 所示为预制柱的吊装流程。进行预制柱安装时应注意以下几点：

1）预制柱的吊装按照角柱、边柱、中柱的顺序和"与现浇部分连接的柱先吊装"的原则进行安装。

2）吊装前检查预制柱进场的尺寸、规格，混凝土的强度是否符合设计和规范要求，检查柱上预留套管、预留钢筋是否满足图样要求，套管内是否有杂物，无问题方可进行吊装。

3）就位前应设置柱底调平装置，控制柱安装标高。

4）预制柱的就位要以轴线和外轮廓线为控制线，对于边柱和角柱，应当以外轮廓线控制为准；根据预制柱平面各轴的控制线和柱框线校核预埋套管位置的偏移情况，并做好记录，根据图样将预留钢筋的多余部分割除，若预制柱有小距离的偏移需借助撬棍及 F 型扳手等工具进行调整。

5）柱初步就位时应将预制柱钢筋与上层预制柱的引导筋初步试对，无问题后将钢筋插入引导筋套管内 20～30cm，以确保柱悬空时的稳定性，准备进行固定。

6）安装就位后在两个方向设置可调节临时固定措施，并应进行垂直度、扭转调整。

图 5-11　预制柱的吊装流程

7）采用灌浆套筒连接的预制柱调整就位后，柱脚连接部位采用模板封堵。

2. 预制梁的安装

预制柱安装完成之后，开始对预制梁或预制叠合梁进行安装，安装过程遵守如下标准：

1）预制梁或叠合梁的安装顺序遵守"先主梁后次梁、先低后高"的原则。

2）安装前，测量并修正临时支撑标高，确保与梁底标高一致，并在柱上弹出梁边控制线，安装后根据控制线进行精密调整。

3）安装前，复合柱钢筋和梁钢筋位置、尺寸，检查梁钢筋与柱钢筋位置是否有冲突。

4）测出柱顶与梁底标高误差，柱上弹出梁边控制线。

5）在构件上表明每个构件所属的吊装顺序和编号，便于吊装工人辨认。

6）梁底支撑可以采用"立杆支撑＋可调顶托＋方木"的方式，预制梁的标高通过速接支撑体系的顶丝来调节。

7）梁起吊时，用吊索钩住扁担梁的吊环，吊索应有足够的长度以保证吊索和扁担梁之间的角度不小于60°。

8）当梁初步就位后，两侧人员借助柱头上的梁定位线和撬棍将梁精确校正，在调平同时将下部可调支撑上紧，这时方可松去吊钩。

9）主梁吊装结束后，根据柱上已放出的梁边和梁端控制线检查主梁上的次梁缺口位置是否正确，若不正确，需做相应处理后方可吊装次梁，梁在吊装过程中要按柱的位置对称吊装。

10）叠合梁的临时支撑应在后浇混凝土强度达到要求后拆除，如图 5-12 所示为预制梁的安装过程。

3. 预制叠合板的安装

预制叠合楼板是由预制板和现浇钢筋混凝土层叠合而成的装配整体式楼板。预制板既是

图 5-12 预制梁的安装过程

楼板结构的组成部分之一，又是现浇钢筋混凝土叠合层的永久性模板，现浇叠合层内可敷设水平设备管线。叠合楼板整体性好，刚度大，可节省模板，而且板的上下表面平整，便于饰面层装修，适用于对整体刚度要求较高的高层建筑和大开间建筑。预制叠合板的一般安装流程如图 5-13 所示。

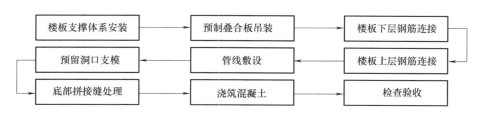

图 5-13 预制叠合板的一般安装流程

预制叠合楼板的安装流程如下：

1）测量：用测量仪器从两个不同的观测点上测量叠合墙、梁等顶面标高。复核叠合墙板的轴线，并校正。

2）现浇混凝土梁支模：标高复核后，进行框架梁模板支设。

3）楼板支撑体系安装：楼板支撑体系的水平高度必须达到精准的要求，以保证叠合板浇筑成型后底面平整。叠合板支撑体系如图 5-14 所示。

4）叠合楼板吊装过程：叠合板起吊时，要尽可能减小在非预应力方向因自重产生的弯矩，采用 PC 结构构件吊装梁进行吊装，四个（或八个）吊点均匀受力，保证构件平稳吊装，保证主、副绳的受力点在同一直线。叠合板吊装如图 5-15 所示。

图 5-14　叠合板支撑体系　　　　　　　　图 5-15　叠合板吊装

5）梁、附加钢筋及楼板下层横向钢筋安装：预制楼板安装调平后，按照施工图进行梁、附加钢筋及楼板下层横向钢筋的安装，处理好梁锚固到暗柱中的钢筋及现浇板负筋锚固到叠合墙板内。

6）水电管线敷设、连接：楼板下层钢筋安装完成后，进行水电管线的敷设与连接工作。叠合楼板水电管线敷设如图 5-16 所示。为便于施工，叠合板在工厂生产阶段已将相应的线盒及预留洞口等按设计图样预埋在预制板中。

7）楼板上层钢筋安装：水电管线敷设经检查合格后，钢筋工进行楼板上层钢筋的安装。

8）预制楼板底部拼缝处理：在墙板和楼板混凝土浇筑之前，对预制楼板底部拼缝及其与墙板之间的缝隙进行检查。

9）混凝土浇筑养护。

4. 预制外墙板的安装流程

预制外墙板的安装一般按照与现浇部分连接的墙板先行吊装的原则进行，具体安装流程如下：

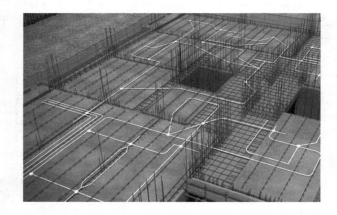

图 5-16　叠合楼板水电管线敷设

1）装配式构件进场、编号、按吊装流程清点数量。

2）逐块吊装的各装配构件搁（放）置点清理、按标高控制线垫放硬垫块。

3）按编号和吊装流程对照轴线、墙板控制线逐块设置墙板与楼板限位装置。

4）设置构件支撑及临时固定，调节墙板垂直尺寸。预制外墙板吊装、固定与调节如图 5-17 所示。

图 5-17 预制外墙板吊装、固定与调节

5）塔式起重机吊点脱钩，进行下一墙板安装，并循环重复。

6）楼层浇捣混凝土完成，混凝土强度达到设计、规范要求后，拆除构件支撑及临时固定点。

预制墙板安装操作要点如下：

1）预制墙板的临时支撑系统由两组水平连接和两组斜向可调节螺杆组成。根据现场施工情况，对重量过重的预制墙板或悬挑构件采用两组水平连接两端设置和三组可调节螺杆均布设置，确保施工安全。

2）根据给定的水准标高、控制轴线引出层水平标高线、轴线，然后按水平标高线、轴线安装板下搁置件。板墙抄平采用硬垫块方式，即在板墙底按控制标高放置墙厚尺寸的硬垫块，然后校正、固定，预制墙板一次吊装，坐落其上。

3）吊装就位后，采用靠尺检验挂板的垂直度，偏差用调节杆进行调整。

4）安装就位后设置可调斜撑临时固定，测量预制墙板的水平位置、垂直度、高度等，通过墙底垫片、临时斜支撑进行调整。

5）预制墙板安装、固定后，再按结构层施工工序进行后一道施工工序。

6）预制墙板调整就位后，墙底部连接部位采用模板封堵。

7）采用灌浆套筒连接、浆锚搭接连接的夹芯保温外墙板的保温材料部位应采用弹性密封材料进行封堵。

8）采用灌浆套筒连接、浆锚搭接连接的墙板需要分仓灌浆时，应采用坐浆料进行分仓；多层剪力墙采用坐浆时应均匀铺设坐浆料。

5. 阳台安装

预制阳台安装工艺流程如图 5-18 所示，操作步骤如下：

1）阳台板进场、编号，按吊装流程清点数量。

2）搭设临时固定与搁置排架。

3）控制标高与阳台板板身线。

4）按编号和吊装流程逐块安装就位。

5）塔式起重机吊点脱钩，进行下一叠合阳台板安装，并循环重复。

6）楼层浇捣混凝土完成，混凝土强度达到设计、规范要求后，拆除构件临时固定点与搁置的排架。

6. 预制楼梯的安装

（1）工艺流程 预制楼梯进场及吊装如图 5-19 所示，楼梯安装工艺流程如图 5-20 所示。

（2）划控制线 在楼梯平台的板面上划出楼梯上、下梯段板安装位置控制线（左右、前后控制线），在楼梯间两侧现浇剪力墙墙面上划出标高控制线，并对其进行复核。

图 5-18 阳台安装工艺流程

a) b)

图 5-19 预制楼梯进场及吊装

a) 楼梯码放 b) 楼梯吊装楼梯防护

图 5-20 楼梯安装工艺流程

（3）铺设找平层 在上下楼梯梁启口处铺水泥砂浆找平层，找平层标高要控制准确。

（4）预制楼梯板起吊

1）为了便于预制楼梯板吊装就位，需水平吊装，吊具上安装手动吊葫芦。

2）预制楼梯板起吊时，将吊具上的吊装用螺栓与楼梯板预埋的内螺纹连接吊点连接，楼梯起吊前，要检查吊点部位连接是否牢固。

3）塔式起重机缓慢将预制楼梯板吊起，待板的底边升至距地面500mm时略作停顿，利用手拉葫芦将楼梯板调整至踏步面呈起吊状态，并再次检查吊挂是否牢固，板面有无污染、破损，若有问题必须立即处理。确认无误后，继续提升使之慢慢靠近安装作业面。预制楼梯板吊装如图 5-21 所示。

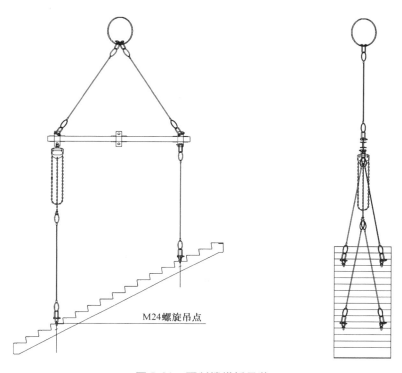

图 5-21　预制楼梯板吊装

4）吊装时不得随意增加构件吊装点。

5）预制构件码放及吊装应考虑受力点。

（5）PC 结构楼梯板就位　PC 结构楼梯板就位时保证踏步平面呈水平状态，从上部吊入安装部位，在作业层上空 300mm 左右处略作停顿，施工人员手扶楼梯板调整方向，将楼梯板的边线与梯梁上的安放位置线对准，放下时要停稳慢放，严禁快速猛放，以避免冲击力过大造成板面振裂。

（6）PC 结构楼梯板校正调整　PC 结构楼梯板基本就位后再用撬棍进行微调，直到位置正确，搁置平实。安装预制楼梯板时，应特别注意标高的准确，校正无误后再脱钩。楼梯板调整时侧面距结构墙体要预留 30mm 的空隙，为楼梯间保温砂浆抹灰层预留空间。

（7）PC 结构楼梯与现浇楼梯梁连接　预制楼梯与现浇楼梯梁之间的连接如图 5-22 所示。

图 5-22　预制楼梯与现浇楼梯梁之间的连接

在梯梁上预埋两根 φ20 钢筋，与预制楼梯上的预留洞对准后安装，然后填砂浆进行固定。

（8）预制楼梯安装后要求用胶合板覆盖固定以达到保护的效果。

5.5.3　PC 结构构件连接施工

PC 结构构件安装过程中，构件之间的连接是装配式建筑施工技术与管理的重点，连接节点的处理直接影响施工的质量以及建筑物的安全。构件连接按照构件种类可以分为：板-次梁、次梁-主梁、主梁-柱、主梁-墙、柱-基础、墙-基础、板-板、梁-梁、柱-柱、墙-墙等构件间的连接；按照构件接缝形式可以分为：PC 结构构件与 PC 结构构件接缝、PC 结构构件与现浇构件接缝；按照作业的方式可以分为：湿式连接和干式连接，其中湿式连接指连接节点或接缝需要支模及浇筑混凝土或砂浆的连接方式，而干式连接则指 PC 结构构件采用焊接、锚栓连接等方式的连接方式。本小节主要对装配式混凝土建筑中的主要连接施工进行介绍。

1. 现浇混凝土连接施工

装配整体式混凝土结构中节点现浇连接是指在 PC 结构构件吊装完成后，PC 结构构件之间的节点经钢筋绑扎或焊接，通过支模浇筑混凝土，实现装配式结构等同现浇的一种施工工艺。按照建筑结构体系的不同，其节点的构造要求和施工工艺也有所不同。

现浇连接节点主要包括：梁柱节点、叠合梁板节点、叠合阳台、空调板节点、湿式预制墙板节点等。PC 结构构件现浇节点的施工注意事项如下：

1）浇筑前应清除浮浆、松散骨料和污物，并应采取湿润的技术措施。

2）现浇节点的连接在预制侧接触面上应设置粗糙面和键槽等，可采用拉毛或表面露石处理，也可采用凿毛处理。

3）在混凝土浇筑过程中，为使混凝土填充到节点的每个角落，确保混凝土充填密实，混凝土贯入后需采取有效的振捣措施，但一般不宜使用振动幅度大的振捣装置。

4）PC 结构构件插筋影响现浇混凝土结构部分钢筋绑扎时，可采用在 PC 结构构件上预留内置式钢套筒的方式进行锚固连接。

5）现浇混凝土连接处应一次连续浇筑密实。

6）连接节点、水平拼缝应连续浇筑；竖向拼缝可逐层浇筑，每层浇筑高度不宜大于2m。应采取保证混凝土或砂浆浇筑密实的措施。

7）现浇混凝土或砂浆强度达到设计要求后方可拆除底板模板。

2. 钢筋套筒灌浆连接施工

钢筋套筒灌浆连接的主要原理是 PC 结构构件一端的预留钢筋插入另一端预留的专用套筒内，钢筋与套筒之间通过预留灌浆孔灌入高强度无收缩水泥灌浆料，待灌浆料凝固硬化后即完成钢筋的续接。套筒灌浆连接混凝土柱如图 5-23 所示。

采用钢筋套筒灌浆连接时，应按设计要求检查套筒中连接钢筋的位置和长度，套筒灌浆施工（图 5-24）一般要求如下：

1）灌浆材料：灌浆料不应对钢筋产生锈蚀作用，结块灌浆料严禁使用。

2）灌浆前应制订套筒灌浆操作的专项质量保证措施，灌浆操作全过程应有质量监控。

3）灌浆料应按配比要求计量灌浆材料和水的用量，经搅拌均匀后测定其流动度，合格后方可灌注。

4）灌浆作业应采取压浆法从下口灌注，当浆料从上口流出时应及时封堵，持压30s后

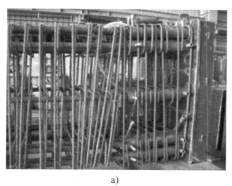 

a)　　　　　　　　　　　　　b)

图 5-23　套筒灌浆连接混凝土柱

a）带套筒的钢筋绑扎　b）带套筒混凝土柱底面

再封堵下口。

5）灌浆作业应及时做好施工质量检查记录。

6）灌浆作业时应保证浆料在 48h 凝结硬化过程中连接部位温度不低于 10℃。

7）灌浆料拌合物应在备制后 30min 内用完。

8）如果施工过程中发生爆模，必须立即进行处理，每支套筒内必须充满续接浆，不能有气泡存在。若有爆模产生的水泥浆液污染结构物的表面，必须立即清洗干净，以免影响外观质量。

9）如果无法正常出浆，应立即停止灌浆作业，检查无法出浆的原因，并排除障碍后方可继续作业。

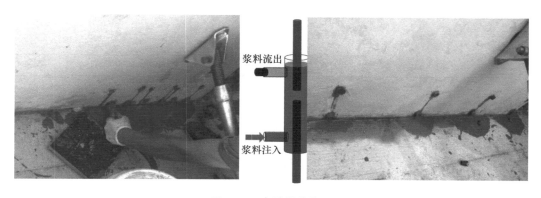

浆料流出

浆料注入

图 5-24　套筒灌浆施工

3. 钢筋浆锚搭接连接施工

钢筋浆锚搭接是在预制混凝土构件中预留孔道，在孔道中插入需要搭接的钢筋，并灌注水泥基灌浆料而实现的钢筋搭接的连接方式，是装配整体式混凝土结构钢筋竖向连接形式之一，即在 PC 结构构件中预埋波纹管，待混凝土达到要求强度后，钢筋穿入波纹管，再将高强度无收缩灌浆料灌入波纹管养护，以起到锚固钢筋的作用。这种钢筋浆锚体系属多重界面体系，即钢筋与锚固材料（灌浆料）的界面体系、锚固材料与波纹管界面体系以及波纹管与原构件混凝土的界面体系。因此，锚固材料对钢筋的锚固力不仅与锚固材料和钢筋的握裹力有关,还与波纹管和锚固材料、波纹管和混凝土之间的连接有关。钢筋浆锚搭接工作原理及施工照片如图 5-25 所示。

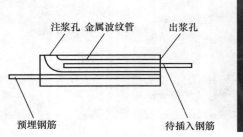

图 5-25 钢筋浆锚搭接工作原理

连接钢筋采用浆锚搭接连接时,可在下层 PC 结构构件中设置竖向连接钢筋并使其与上层 PC 结构构件内的连接钢筋通过浆锚搭接连接。纵向钢筋采用浆锚搭接连接时,应对预留孔成孔工艺、孔道形状和长度、构造要求、灌浆料和被连接的钢筋进行力学性能以及适用性的试验验证。

钢筋浆锚搭接连接具有如下特点:

1)机械性能稳定。

2)采用配套灌浆材料(钢筋浆锚连接用灌浆料性能要求见表 5-2),可手动灌浆和机械灌浆。

表 5-2 钢筋浆锚连接用灌浆料性能要求

项 目		性 能 指 标
泌水率		0
流动度/mm	初始值	≥200
	30min 保留值	≥150
竖向膨胀率(%)	3h	≥0.02
	24h 与 3h 的膨胀值之差	0.02 ~ 0.5
抗压强度/MPa	1d	≥30
	3d	≥50
	28d	≥70
对钢筋锈蚀作用		无

3)加水搅拌具有大流动度、早强、高强微膨胀性,填充于带肋钢筋间隙内,形成钢筋灌浆连接接头。

4)更适合竖向钢筋连接,包括剪力墙、框架柱、挂板灯的连接。

5)PC 结构构件一端为预留连接孔,通过灌注专用水泥基高强无收缩灌浆料与螺纹钢筋连接,适用于不同直径钢筋的连接。

4. 水平锚环灌浆连接施工

同一楼层预制墙板拼接处设置后浇段,预制墙板侧边甩出钢筋锚环并在后浇段内相互交叠而实现的预制墙板竖缝连接方式。

5. 焊接和螺栓连接施工

装配式结构采用焊接或螺栓连接构件时，应符合设计要求或国家现行有关钢结构施工标准的规定，并应对外露铁件采取防腐和防火措施。采用焊接连接时，应采取避免损伤已施工完成结构、PC 结构构件及配件的措施。焊接和螺旋连接主要应用于钢结构构件的连接。螺栓连接方式如图 5-26 所示。

图 5-26　螺栓连接方式

5.5.4　构件安装的临时固定措施

PC 结构构件安装就位后，应根据水准点和轴线校正位置及时采取临时固定措施。PC 结构构件与吊具的分离应在校准定位及临时固定措施安装完成后进行。临时固定措施的拆除应在装配式结构能达到后续施工承载要求后进行。

1. 采用临时支撑时，应符合下列规定：

1）PC 结构构件的临时支撑不宜少于两道。

2）对预制柱、墙板构件的上部斜支撑，其支撑点距离板底的距离不宜小于构建高度的 2/3，且不应小于构件高度的 1/2，斜支撑应与构件可靠连接。

3）PC 结构构件与吊具的分离应在校准定位及临时支撑安装完成后进行。

2. 水平构件的固定

水平构件安装一般采用竖向支撑系统，竖向支撑系统的主要功能是用于预制主次梁和预制楼板等水平承载构件在吊装就位后对垂直荷载进行临时支撑，如图 5-27 ～图 5-29 所示。竖向支撑系统的设计应按照以下几个原则进行：

图 5-27　梁下竖向支撑

图 5-28　梁端钢牛腿支撑

1）首层支撑架体的地基应平整坚实，宜采取硬化措施。

2）临时支撑的间距及其与墙、柱、梁边的净距应经设计计算确定，竖向连续支撑层数不宜少于两层且上下层支撑宜对准。

3）叠合板预制底板下部支架宜选用定型独立钢支柱，竖向支撑间距经计算确定。

3. 竖向构件的固定

斜撑系统的主要功能是将预制柱和预制墙板等构件吊装就位后起到临时固定的作用。竖向构件的固定如图 5-30 所示。同时，通过设置在斜撑上的调节装置对其垂直度进行微调。斜撑系统应按照以下的原则进行设计：

图 5-29　阳台临时竖向支撑　　　　　　图 5-30　竖向构件的固定

1）预制柱吊装时的斜撑的设置数量应根据施工工艺和预制柱所处的位置不同，一般采用三点支撑，也可采用四点支撑。

2）在楼面板上设置斜向支撑的固定位置时，应综合考虑与其他 PC 结构构件吊装的交叉施工，PC 结构构件的稳定性和平衡性以及对后续工序施工的影响。

4. 接缝防水要求

当设计对构件连接处有防水要求时，材料性能及施工应符合设计要求及国家现行有关标准的规定。

1）防水施工前，应将板缝空腔清理干净。

2）应按设计要求填塞背衬材料。

3）密封材料嵌填要饱和、密实、均匀、顺直、表面光滑，并满足设计要求的厚度。

密封材料嵌缝应符合下列规定：

① 密封防水部位的基层应牢固，表面应平整、密实，不得有蜂窝、麻面、起皮和起砂现象。嵌缝密封材料的基层应干净和干燥。

② 嵌缝密封材料与构件组成材料应彼此相容。

③ 采用多组分基层处理剂时，应根据有效时间确定使用量。

④ 密封材料嵌填后不得碰损和污染。

5.6　质量保证措施

构件的成型质量和吊装精度质量的控制是装配整体式结构工程的重点，也是核心内容。为达到构件整体拼装的严密性，避免因累计误差超过允许偏差值而使后续构件无法正常吊装就位等问题，吊装前须对所有吊装控制线进行认真的复检。本小节主要对装配式混凝土建筑的施工过程质量措施进行说明，关于装配式混凝土建筑的整体验收及质量控制详见本书第9章。

5.6.1　构件成型质量的验收

构件出厂前应检验构件是否符合出厂要求，有缺陷的应及时修补，经检验合格后加盖合格品章，检测率为100%。保温板面应平整、粘接牢固，无断裂脱落，混凝土表面应平整，无缺棱、掉角、露筋、麻面、孔洞和裂缝等缺陷，有一般缺陷的应及时按要求修补，存在严重缺陷的不能修补的应予报废处理。

5.6.2　PC 结构构件安装精度控制与校核

1）在底部结构正式施工前，必须布设好上部结构施工所需的轴线控制点，所设的基准点组成一个闭合线，以便进行复合和校正。

2）楼层观测孔的施工放样，应在底层轴线控制点布设后，用线锤把该层底板的轴线基准点引测到顶板施工面，用此方法把观测孔位预留正确以确保工程质量。

3）用钢尺工作应进行钢尺鉴定误差、温度测定误差的修正，并消除定线误差、钢尺倾斜误差、拉力不均匀误差、钢尺对准误差、读数误差等。

5.6.3　灌浆操作质量保证措施

1）灌浆泵运转时，灌浆管端头应放在料斗内，以免浆料流出浪费；浆料流出后，可暂停泵，将灌浆端对准 PC 结构柱的一个灌浆口（通常选柱某面中部的灌浆孔），继续开泵灌浆。

2）所有连接接头的灌浆口都应没有被封堵，当灌浆口漏出浆液时，应立即用胶塞进行封堵牢固，同时摘除其上排浆孔的封堵胶塞（如果排浆孔事先用胶塞封堵时），直至所有灌浆孔都流出浆液并已封堵后，等待排浆孔出浆。

3）接头排浆孔流出浆液后，立即用胶塞封堵，并依次完成所有流出浆液接头排浆孔的封堵，最后确认各孔均流出浆液后，可转入第二柱的灌浆作业，或停止灌浆，填写灌浆和检验记录表。

4）一个阶段灌浆作业结束后，应立即清洗灌浆泵。

5）灌浆泵内残留的灌浆料浆液若已超过30min（自制浆加水开始计算），除非有证据证明其流动度能满足下一个灌浆作业时间，否则不得继续使用，应废弃。

5.6.4　叠合梁板施工保证措施

1）在预制梁、板吊装结束后，就可以分段进行管线预埋的施工，在满足设计管道流程的基础上，结合叠合板规格合理地规划线盒位置、管线走向，使其合理化，线盒需根据管网综合布置图预埋在预制板中，叠合层仅有 8cm 厚，叠合层中杜绝多层管线交错，最多只允许两根线管交叉。

2）由于叠浇层梁柱节点处空隙很小，为防止柱下混凝土产生空洞，采用高一等级的微膨胀细石混凝土浇筑并采用小振动棒振捣，在浇筑时柱根部的混凝土要略高于板的高度，在终凝前将其刮除。

3）叠合层混凝土浇捣结束后，应适时对上表面进行抹面、收光作业，作业分粗刮平、细抹面、精收光三个阶段。混凝土应及时洒水养护，使混凝土处于湿润状态，洒水次数不得少于 4 次/d，养护时间不得少于 7d。

5.7 PC 结构构件施工安全管理

装配式混凝土结构施工过程中 PC 结构构件数量多、重量大，需要大量高空作业，所以在构件安装的过程中，安全管理是项目施工管理的重点工作之一。装配式混凝土结构施工主要危险源见表 5-3。本节主要列出 PC 结构构件的安装过程中安全常规要求。关于项目安全管理的内容详见本书第 9 章"装配式混凝土结构建筑施工安全管理"。

1）进入施工现场必须戴好安全帽，操作人员要持证上岗，严格遵守行业标准《建筑施工安全检查标准》（JGJ 59—2011）。

2）在吊装区域、安装区域设置临时围栏、警示标志，临时拆除安全设施（洞口保护网、洞口水平防护）时也一定要取得安全负责人的许可，离开操作场所时需要对安全设施进行复位。工人不得在吊装范围下方穿越。

3）高空作业必须保持身体状况良好。

4）梁板吊装前在梁、板上将安全立杆和安全维护绳安装到位，为吊装时工人佩戴安全带的提供连接点。

5）为保证楼栋周边行人及作业人员的安全，防止高空坠物，在外侧每隔五层设置 4 米宽的水平挑网。

6）吊装前必须检查吊具、钢丝绳、葫芦等起重用品的性能是否完好。

7）构件吊装时，必须由起重工进行操作，吊装工进行安装。

8）施工现场严禁吸烟，并按现场实际情况配备相应的消防器材。

9）严禁使用塔式起重机进行斜吊、斜拉和起吊地下埋设或凝结在地面上的重物，施工现场的混凝土构件或模板必须全部松动后方可起吊，起重机必须按规定的起重性能作业，不得超负荷和起吊不明重量的物件。

10）起吊重物时应绑扎平稳和牢固，不得在重物上堆放或悬挂零星物件。零星物件或物品必须用吊笼或钢丝绳绑扎牢固后起吊。绑扎钢丝绳与物件的夹角不得小于 30°。

表 5-3　装配式混凝土结构施工主要危险源

活　　动	危　险　源	可能导致的事故
材料堆放	现场大型构建种类多，现场构件堆放不稳定造成危险	坍塌
运输	水平运输、垂直运输构件多	机械伤害、交通安全
吊装	吊钩脱落 吊装稳定性差造成碰撞	物体打击
临边防护	高处无防护，材料、机具坠落 作业面临时防护缺失	高空坠落
高处作业	高处作业防护不到位	高空坠落

本章小结

　　本章主要对装配式混凝土项目的施工管理内容，预制柱、梁、墙板、楼梯以及阳台等构件吊装施工过程，PC 结构构件的节点连接工艺，以及 PC 结构构件安装过程的质量和安全管理进行了讲解。本章是整本书的重点，希望通过本章的学习，读者能够对装配式混凝土建筑的施工有更深入和细致的了解。

复习思考题

1. 装配式混凝土结构发展趋势有哪些？
2. 不同类型的预制混凝土结构体系施工过程有什么区别？
3. 阐述装配式混凝土结构建筑施工管理的主要内容及施工组织方案的编写内容。
4. 简述主要 PC 结构构件的吊装工艺流程。
5. 装配式混凝土建筑和现浇结构建筑施工管理的区别有哪些？

第6章

装配式混凝土结构建筑机电预制以及安装

内容提要

本章主要介绍装配式建筑机电预制及其发展现状，装配式建筑机电系统设计原则及重点，以及预制机电构件安装管理，最后介绍 BIM 技术在机电预制设计、施工中的应用。希望读者通过本章的学习，对装配式建筑中的机电预制以及安装有更深入的了解。

课程重点

1. 了解装配式机电预制内涵及发展现状。
2. 掌握装配式机电系统设计原则及重点。
3. 了解预制机电构件安装管理。
4. 了解 BIM 技术在机电预制设计、施工中的应用。

6.1　装配式建筑机电预制概述

装配式建筑机电预制是指建筑的机电系统按照数字化（精细化）设计、工厂化生产、装配化施工、信息化管理的一种形式，是一种新型的机电安装整体解决方案。机电预制的核心是将管道预制与安装分离，减少现场加工操作，在模型阶段内置了施工所需的几何尺寸、管材、壁厚、类型等参数信息，根据实际情况进行模型调整，最后导出加工所需要的各类成果送到工厂，等实际施工时就将预制好的管段、设备等运到现场按模型拼装。

按照机电系统的功能可以划分为：给水排水系统、强弱电系统、采暖空调系统、智能化系统。随着 BIM 技术的发展，机电专业也从碰撞检查、管线综合向预制加工深入发展，装配式理念的应用不仅限于钢结构、PC 结构，同样也适用于机电专业，实践证明此理念也是机电专业精细化管理的最优途径。

6.1.1　装配式建筑机电预制的内涵

与传统的机电工程设计、施工不同，装配式机电系统具有标准化设计、工厂化生产、装配化施工、信息化管理等特点，下面就介绍装配式机电系统与传统机电系统不同之处。

1. 标准化设计（精细化设计）

采用标准化设计、部品化建造的思路是装配式建筑机电系统技术的一种新形式。需要运用成套集成体系进行标准化设计、工厂化生产、装配化施工与社会化供应的方法。标准化设计为工厂化、集约化生产批量定型产品的先决条件，运用模块化来实现建筑、结构、机电设计之间的协调，提供多样化选择。

新型建筑工业化的重要作用在于将施工阶段的问题提前至设计、生产阶段解决，将设计模式由面向现场施工转变为面向工厂预制现场装配的新模式。这就要求我们运用产业化的目光审视原有的知识结构和技术体系，采用产业化思维重新建立企业之间的分工与合作，使研发、设计、生产、施工及装修形成完整的协作机制。

机电系统新技术的创新应该从根本上克服传统建造方式的不足，打破设计、生产、施工、装修等环节各自为战的局限性，实现建筑产业链上下游的高度协同。

2. 工厂化生产

机电各专业设备提前在工厂加工好，运到现场进行安装，降低耗能、耗材，保障装配式建筑安全、环保、节能的品质。

3. 装配化施工

建筑施工尽可能装配集成作业，以干式装配作业代替现场湿式作业方式，施工快，以不动火代替动火作业，利于建筑质量的精确控制和现场的整洁，并且便于后期维护管理。

4. 信息化管理

BIM 技术不仅可以实现数字化设计、生成工厂加工图，同时还可以导入工程管理平台，实现对 PC 结构构件的物料管理、进度管理以及施工过程管理。随着 BIM 技术越来越成熟，机电预制装配也实现了全信息化的管理。

6.1.2　装配式建筑机电预制的工程优势

装配式建筑机电系统通过数字化设计、工厂化生产、装配化施工、信息化管理等手段给建筑机电工程带来了一系列变化，下面介绍装配式建筑机电预制给工程实施及管理带来的变化。

（1）加快工程进度　充分利用生产线设备缩短制造工期。机械化流水制造比现场人工制造生产效率高很多，现场安装充分利用机械设备，减少人力。预制加工机械化程度高，可平行流水作业，只要有材料和管道单线图，不必等待现场的基础、设备和结构施工完毕就可进行预制，避免交叉作业和相互牵制的影响。预制加工厂为施工操作提供了良好的环境，不受场地影响，不受气候干扰，这样就可以提前预制，争取了时间，缩短了施工工期。

（2）保证工程质量　由于管道的加工、组对、焊接、探伤、热处理均在预制厂内进行，施工条件比现场好，同时又最大限度地采用机械，这样可以提高施工质量。由于采用工厂化施工，管道的垂直、水平运输、下料及坡口加工等均可最大限度地使用机械，提高了机械化施工水平。

（3）保障了安全生产　加工厂内可最大限度地利用垂直、水平运输机械，减轻了笨重的体力劳动，减少了高空作业，改善了工人的劳动条件，有利于安全生产。

（4）节约材料，降低成本　依据深化设计图，绘制预制加工图，确定材料用量，避免现场加工制造导致的材料浪费，直接降低成本。

（5）降低人力成本　随着我国人口老龄化，新生代技术工人（如焊接、油漆工人）越来越缺乏，人力成本日益增长。工厂预制可以大大减少现场制造工序和对技术工人的需求，有利于平衡施工力量。

（6）整齐美观、可替代、便于后期维护和循环利用　组合式构件、装配式施工、整齐美观换班，可拆卸、可替换、维护修理方便，系统改造时，材料还可以回收利用。

6.2　装配式混凝土结构建筑机电预制发展现状

在装配式建筑设计过程中，需要秉承转型升级的观念，依靠技术创新，研发新材料、新产品、新工艺，从粗放型向集约型转变、从经验化向流程化转变，实现节能、节水、节材、节时，提升建筑行业整体技术水平，促进可持续发展。表6-1列举出近十年所做的装配式混凝土结构工程中采用的机电系统方式，包括预制装配类型、供暖方式、通风空调方式、给排水管线敷设方式、生活热水方式等内容。

表 6-1　装配式混凝土结构工程中采用的机电系统方式

机电系统方式		项　　目
供暖方式	传统湿式低温热水地面辐射供暖	北京市万恒嘉园二期项目 B3、B4 住宅项目；北京市万科假日风景 D1、D8 住宅项目；北京市公安局半步桥、西红门公租房住宅项目；北京长阳半岛 1 号地 11 地块工业化住宅；北京长阳镇水碾屯 21 地块；北京住总万科回龙观金域华府工业化住宅项目；大连万科万科城二期 3、4 号楼工业化住宅项目
	架空模块式快装低温热水辐射供暖系统	北京市通州台湖公租房项目；北京市百子湾公租房项目
通风空调方式	厨卫土建成品风道 分体空调	北京市万恒嘉园二期项目 B3、B4 住宅项目；北京市万科假日风景 D1、D8 住宅；北京市公安局半步桥、西红门公租房住宅项目；北京长阳半岛 1 号地 11 地块工业化住宅
	厨卫土建成品风道 分体空调加新风换气及净化系统	北京长阳镇水碾屯 21 地块；北京住总万科回龙观金域华府工业化住宅项目；大连万科万科城二期 3、4 号楼工业化住宅项目
	厨房土建成品风道 明卫同层排风扇	合肥蜀山产业化住宅项目
	厨房同层直接排至室外 卫生间采用土建成品竖向风道	北京市通州台湖公租房项目；北京市百子湾公租房项目
给水管线敷设方式	给水管水平管均暗敷于地面垫层内，至配水点后沿墙垂直暗敷至配水高度，在墙体上预留管槽	北京市万恒嘉园二期项目 B3、B4 住宅；北京市万科假日风景 D1、D8 住宅项目；北京市公安局半步桥、西红门公租房住宅项目；北京长阳半岛 1 号地 11 地块工业化住宅；北京长阳镇水碾屯 21 地块；北京住总万科回龙观金域华府工业化住宅项目；合肥蜀山产业化住宅项目
	整体卫浴 给水管水平管均暗敷于地面垫层内至整体卫浴后，沿板壁至顶板接整体卫浴各洁具	大连万科万科城二期 3、4 号楼工业化住宅项目
	快装给水集成系统	北京市通州台湖公租房项目；北京市百子湾公租房项目

（续）

机电系统方式		项　　目
排水管线敷设方式	专用透气排水系统、排水立管在卫生间内、横支管为异层排水方式	北京市万恒嘉园二期项目 B3、B4 住宅；北京市万科假日风景 D1、D8 住宅项目；北京市公安局半步桥、西红门公租房住宅项目；北京长阳半岛 1 号地 11 地块工业化住宅项目；北京长阳镇水碾屯 21 地块；北京住总万科回龙观金域华府工业化住宅项目；合肥蜀山产业化住宅项目
	专用透气排水系统、立管在整体卫浴外，横支管为同层排水方式	大连万科万科城二期 3、4 号楼工业化住宅项目
	专用透气排水系统。排水立管设在卫生间外公共管井内，横支管为同层排水方式	北京市通州台湖公租房项目；北京市百子湾公租房项目
生活热水方式	燃气热水器	北京市万恒嘉园二期项目 B3、B4 住宅项目；北京住总万科回龙观金域华府工业化住宅项目；通州台湖公租房项目
	集中集热分户储热间接式太阳能系统电辅助加热	北京市万科假日风景 D1、D8 住宅项目；北京长阳半岛 1 号地 11 地块工业化住宅项目；北京长阳镇水碾屯 21 地块
	阳台分散式太阳能热水系统；电辅助加热 12 层及以下住宅；集中集热集中供热太阳能热水系统；13 层及以上住宅燃气热水器	北京市公安局半步桥、西红门公租房住宅项目；合肥蜀山产业化住宅项目；北京市百子湾公租房项目

综合来看，我国机电预制在现阶段主要特点如下：

1）民用建筑中机电预制率低。在发达国家，在预制加工厂内可以完成 90% 以上的管道预制加工工作，然后按照进度计划运输至施工现场进行组合安装，其相关的技术已经非常成熟。在我国，设备管理工厂化预制加工技术主要用于工业化设备管理工程中，其应用水平已比较成熟，但在民用工程中，设备管理工厂化预制加工技术仍不太成熟，还需进一步探索。目前我国设备管理工厂化面临的最主要问题是信息管理工具落后，尤其是工程信息的集成和共享，以及多参与方的协同工作等问题。

2）我国装配式建筑机电预制设计技术体系还不完善，缺乏国家层面的相关规范标准和技术措施；关键技术及系统集成还不成熟，注重研究装配式结构而忽视与建筑机电系统的相互配套；设计、部品生产、装配施工、装饰装修、质量验收等的关键技术不足且系统集成度较低；建筑和机电设备一体化程度较低。

6.3　装配式建筑机电预制系统设计原则及重点

6.3.1　装配式建筑机电预制系统设计主要原则

1）装配式混凝土结构建筑机电预制系统设计除应符合国家和地方现行的相关规范、标准和规程的要求外，还应满足现行装配式混凝土结构建筑设计、施工及验收规范、标准和规程的要求。

2）给水排水、燃气、采暖、通风和空气调节系统的管线及设备不得直埋于 PC 结构构件及预制叠合楼板的现浇层。当条件受限管线必须暗埋或穿越时，横向布置的管道及设备应结合建筑垫层进行设计，也可以在预制梁及墙板内预留孔、洞或套管；竖向布置的管道及设备需在 PC 结构构件中预留沟、槽、孔洞或套管。

电气竖向干线的管线宜做集中敷设，满足维修更换的需要，当竖向管道穿越 PC 结构构件或设备暗敷于 PC 结构构件时，需在 PC 结构构件中预留沟、槽、孔洞或套管；电气水平管线宜在架空层或吊顶内敷设，当受条件限制必须暗埋时，宜敷设在现浇层或建筑垫层内，如无现浇层且建筑垫层又不满足管线暗埋要求时，需在 PC 结构构件中预留相应的套管和接线盒。

3）随着装配式建筑技术的不断提高，装配式混凝土结构建筑宜开展建筑和室内装修一体化设计，做到设计及施工安装标准化、系列化，提高并满足 PC 结构构件工厂化生产及机械化安装的需求，最大程度地体现装配式混凝土结构建筑的优越性。

4）装配式混凝土结构建筑应做好建筑设备管线综合设计，满足建筑给水排水、消防、燃气、采暖、通风和空气调节设施，照明供电等机电各系统功能使用、运行安全、维修管理方便等要求。住宅建筑设备管线的综合设计应特别注意套内管线的综合设计，每套的管线应户界分明。

6.3.2　装配式建筑暖通专业设计要点

1）公共部位的管线宜设在吊顶或架空层内，对需暗埋的管线应结合结构楼板及建筑垫层进行设计，集中敷设在现浇区域内。

2）预制结构构件中的预埋管线及预留沟、槽、孔、洞的位置应遵守结构设计模数要求，应保证构件的整体性与安全性。不应在结构构件安装后凿剔新的沟、槽、孔、洞。

3）固定设备、管道及其附件的支吊架应安装在实体结构上，或将支吊架的预埋件预埋在实体结构上，支架间距、高度应符合设计和相关标准。

4）成排管道或设备的支吊架设于 PC 结构构件时，应在 PC 结构构件上预埋用于支吊架安装的埋件。

5）在专用管道井中，应预留立管穿越各层楼板的孔洞或预埋套管，对其上下留洞位置应按照管中心定位，公差不大于 10mm。立干管分支到各户的管道应暗埋，应结合结构楼板及建筑垫层进行设计，集中敷设在现浇区域。

6）穿越预制墙体的管道应预留套管；穿越预制楼板的管道应预留洞；穿越预制梁的管道应预留钢套管。留套管时应考虑管道的保温，不保温管道的套管规格应比管道大 1~2 号。

7）地暖分集水器位置设置应与建筑设计协调，并方便维护管理，力求管线短捷。当分集水器设在装配式剪力墙住宅厨房的橱柜中时，厨房楼板应预留设地漏用孔洞。户式供暖系统采用地面辐射供暖系统时，宜采用干式工法的部品。目前的干式地板采暖常见的两种模式，一种是预制轻薄型地板供暖面板（由保温基板、塑料加热管、铝箔、龙骨和二次分集水器等组成的地暖系统），一种是现场铺装式（在传统湿法地暖做法的基础上做出改良，无混凝土垫层施工工序，施工为干式作业）。

8）装配式建筑的空调室外机安装应考虑与建筑一体化，根据采用的空调机类型相应预留室外机板，配置的机型决定混凝土室外机板规格、数量、预留位置，室外机的挂件也可在安装工程阶段直接采用膨胀螺栓固定在实体结构上，应保证其实用且安全可靠。

9）当分户（或分室），分空调区（或房间）分别设置带热回收功能的双向换气装置时，应按照换气装置的要求，在相应的预制墙板上预留安装进、排风管的孔洞。为保证通风空调系统的运行质量和力求节能，要求土建风道应进行严密的防漏风处理，内壁应光滑、严密，当土建风道作为空调送风道（如新风送风道）时，应内衬钢板和保温。

10）装配式剪力墙结构住宅的厨房、卫生间宜设置水平排风系统，并在室外排气口设置避风、防雨和防止污染墙面的部品。

11）室内燃气管道在预制楼板、墙板上的留洞应符合《城镇燃气设计规范》（GB 50028—2006）要求，当燃气管道与其他管道在同一楼板或墙板平面上并行同排留洞时，燃气管道留洞应在所有管道洞口的外侧。

12）除以上要求，装配式建筑暖通空调设计应符合《民用建筑供暖通风与空气调节设计规范》（GB50736—2012）、《严寒和寒冷地区居住建筑节能设计标准》（JGJ26—2018）、《建筑给水排水及采暖工程施工质量验收规范》（GB50242—2002）、《建筑节能工程施工质量验收规范》（GB 50411—2007）等规范及规程。

6.4　机电预制构件安装管理

6.4.1　机电预制构件总体安装流程

机电系统的安装流程：支吊架放样→支吊架安装→风管、主管、桥架安装→喷淋支管安装。先根据建筑信息模型或者施工图进行支吊架的放样，确定支吊架的安装位置，然后对支吊架进行整体安装，支吊架安装完成后分别对风管、主管及桥架进行安装，安装完成后进行喷淋支管的安装。安装过程中各个区域内需要考虑局部的先后工序，优先考虑标高较高的管道，要求严格按照模型及图样进行施工安装，PC 结构构件现场安装图如图 6-1 所示。

图 6-1　PC 结构构件现场安装图

6.4.2　施工过程介绍

1. 放样工作

施工人员根据支吊架布置图样，利用放样机器人，将支吊架的点位放在顶板上，放样过程中采用边放样边校核的方式,利用红外线进行校核,以保证放样点的准确性。放样分为两个阶段,第一阶段为风管、单根主管及综合区域的放样工作,主要借助放样机器人进行;第二阶段为支管的放样工作,需要用放样机器人和红外线,在主管安装完成后,对支管进行定位放样。

风管及喷淋主管支吊架以红外线辅助找平,批量下料。误差在 20mm 以内的,安装完毕后切断多余部分。喷淋支管批量下料局部处理。

钻孔:钻孔过程中遇到钢筋喷淋支架只能前后纵向移动,必须左右移动的不能超过10mm。消防、喷淋主管道及风管必须成批钻孔。喷淋支管道局部成批钻孔。

2. 支吊架制作安装

下料:支架立柱局部成批下料,根据实际情况预留最多 20mm 调节余量。按实际尺寸下料。现场施工人员利用红外线,参考支吊架的平面、剖面图,结合模型制作支吊架,并进行安装。

3. 桥架安装

箱、柜等连接时,进线和出线口等处应采用抱脚和翻边连接,并用固定螺栓紧固,末端应加装封堵。

桥架、线槽经过建筑物变形缝(伸缩缝、沉降缝)时应断开,用内连接板搭接,不需固定,保护地线和槽内导线匀应补偿余量。

线槽、桥架的接口应平整,连接可采用内连接或外连接,接缝处应紧密平直,连接板两端不少于有两个防松螺母或防松垫圈的螺栓,螺母置于线槽的外侧,跨接地线为截面面积不小于 4mm² 的铜芯软导线,并且需要加平垫和弹簧垫圈,用螺母压接牢固。线槽盖装上后应平整、无翘角,出线的位置应准确。

线槽、桥架交叉、转弯、丁字连接时,应采用单通、二通、三通、四通或平面二通、平面三通连接,导线接头处应设置接线盒或将导线接头放在电气器具内。

在吊顶内敷设时,如果吊顶无法上人时应留有检修孔。

待线槽全部敷设完毕后,应在配线之前进行调整检查。确认合格后,再进行槽内配线。

装在竖井的桥架预留孔洞四周应做高出地面 50mm 的止水台。

安装在竖井内的垂直桥架,预留孔下方、桥架四周应安装防火托板,洞口处填满防火堵料,线槽内部也应做支架并填充防火堵料。

线槽、桥架水平长度超过 30m 应设伸缩节,线槽接头不宜设在墙体内。

4. 给排水管道安装

1)管道安装宜从大口径逐渐过渡到小口径。不允许使用切割时产生高温的切割机具切断管道,避免温度过高破坏复合胶粘剂的粘接强度。

2)加工螺纹应使用套丝机。使用水溶性无毒冷却液,用标准螺纹规检验。

3)螺纹加工完后,应清除管端和螺纹内的冷却液和金属碎屑,做好防腐处理。

4)衬塑管端部应进行倒角处理,头部衬塑厚度 1/2 为倒角,坡度宜为 10°~15°。

5)管道与管件连接处须用生料带缠绕,这样可保证整个钢塑复合管道均处于保护之中。

6)应使用配套的各种标准管件连接。

7)螺纹连接时,应用色笔在管壁上标记拧入深度,确保螺纹拧入后能压紧密封垫圈。

8）管子与管件连接后，外露的螺纹部分及所有钳痕和表面损伤的部位应作防锈处理。

9）与橡胶密封圈接触的管外端应平整光滑，不得有划伤橡胶圈或影响密封的毛刺等缺陷存在。

5. 喷淋主管、支管

（1）管网安装　管网安装前应校直管子，并应清除管子内部的杂物；安装时应随时清除已安装管道内部的杂物。干管安装前要检查管腔并通过拉扫（钢丝缠布）清理干净。在丝头处涂好铅油缠好麻，在末端扶平管道，用管钳咬住前节管件，用另一把管钳转动管至松紧适度，对准调直时的标记，要求螺纹外露 2～3 扣，并清掉麻头，依此方法至装完为止（管道穿过伸缩缝或过沟处，必须先穿好钢套管）。

当管子公称直径小于或等于 70mm 时，采用螺纹连接；当管子公称直径大于 70mm 时，采用沟槽连接。连接后均不得减小管道的通水横断面面积。

多种管道交叉时的避让原则：冷水让热水，小管让大管等。

自动喷水灭火系统干管安装根据设计要求及压力要求选用管材。干管安装按管道定位、画线（或挂线）、支架安装、管子上架、接口连接、水压试验、防腐保温等施工顺序进行。按施工草图进行管段的加工预制，包括断管、套丝、上零件、调直、核对尺寸，按环路分组编号，码放整齐。管道的安装位置应符合设计要求，当设计无要求时，管道的中心线与梁、柱、楼板等的最小距离应符合表 6-2 中的规定。

表 6-2　管道中心线与梁、柱、楼板的最小距离　（单位：mm）

公称直径	26	32	40	60	70	80	100	126	150	200
距离	40	40	50	60	70	80	100	126	150	200

管道穿过建筑物的变形缝时，如果是墙加柔性套管，应在建筑物内穿变形缝加波纹软管并采用防冻措施。穿过墙体或楼板时应加设套管，套管长度不得小于墙体厚度，或应高出楼面或地面 50mm，且管道穿墙处不得有接口；管道的焊接环缝不得位于套管内。套管与管道的间隙应采用不燃烧材料填塞密实。

管道横向安装宜设 0.002～0.005 的坡度且应坡向排水管；当局部区域难以利用排水管将水排净时，应采取相应的排水措施。当喷头数量小于或等于 5 只时，可在管道低凹处加设堵头；当喷头数量大于 5 只时，宜装设带阀门的排水管。

配水干管、配水管应做红色或红色环圈标志并加上水流方向标志。

管网在安装中断时，应将管道的敞口封闭。

安装完的干管，不得有塌腰、拱起的波浪及左右扭曲的蛇弯现象。管道安装横平竖直，水平管道纵横方向弯曲的允许偏差为 5mm。

管道安装后，检查坐标、标高、预留口位置和管道变径等是否正确，然后找直，用水平尺校对复核坡度，调整合格后，再调整吊卡螺栓 U 形卡，使其松紧适度，最后焊牢固定卡处的止动板。

管道安装后摆正或安装管道穿结构处的套管，填堵管洞口，预留口处应加临时管堵。

（2）立管安装　自动喷水灭火系统的立管一般敷设在管道井内，安装时从下向上顺序安装，安装过程中要及时固定好已安装的立管管段，并按测绘草图上的位置、标高甩出各层消火栓水平支管接头。

为保证立管垂直度，仔细核对各层预留孔洞位置是否垂直，吊线、剔眼、栽卡子。将预制好的管道按编号顺序运到安装地点。

室内消火栓系统和自动喷水灭火系统的管道穿楼板及穿墙均需加钢套管，穿楼板部分套管，管的下面与楼板平齐，上面高出楼板地面2cm（厨卫间5cm），穿墙套管两端与墙平齐。套管与管道间隙用石棉水泥打口。安装前先卸下阀门盖，有钢套管的先穿到管上，注意按编号从第一节开始安装。涂铅油缠麻将立管对准接口转动入扣，用一把管钳咬住管件，用另一把管钳拧管，拧到松紧适度，对准调直时的标记要求，螺纹外露2~3扣，并清掉麻头。

检查立管的每个预留口标高、方向、半圆弯等是否准确。将事先栽好的管卡子松开，把管放入卡内拧紧螺栓，用吊杆、线坠从第一节管开始找好垂直度，扶正钢套管，最后填堵孔洞，预留口必须安装临时螺塞。

（3）喷头安装

1）喷头安装应在系统试压、冲洗合格后进行。

2）喷头安装时宜采用专用的弯头、三通。

3）喷头安装时，不得对喷头进行拆装、改动，并严禁给喷头附加任何装饰性涂层。

4）喷头安装应使用专用扳手，严禁利用喷头的框架施拧；喷头的框架、溅水盘产生变形或原件损伤时，应采用规格、型号相同的喷头更换。

5）喷头安装时，溅水盘与吊顶、门、窗、洞口或墙面的距离应符合设计要求。

6）当喷头溅水盘高于附近梁底或高于宽度小于1.2m的通风管道腹面时，喷头溅水盘高于梁底、通风管道腹面的最大垂直距离应符合表6-3中的规定。

表6-3　喷头溅水盘高于梁底、通风管道腹面的最大垂直距离　　（单位：mm）

喷头与梁、通风管道的水平距离	喷头溅水盘高于梁底，通风管道腹面的最大垂直距离
300~600	26
600~750	76
750~900	76
900~1050	100
1050~1200	150
1200~1350	180
1350~1500	230
1500~1680	280
1680~1830	380

当通风管道宽度大于1.2m时，喷头应安装在其腹面以下部位。

6. 消防管道

1）消防管道安装需要按设计图及《建筑给水排水及采暖工程施工质量验收规范》（GB 50242—2002）进行施工。

2）消防系统管道采用热镀锌钢管，管道的试验压力为1.0MPa，其所用管件与闸阀的公称压力不低于1.0MPa，螺纹连接。

3）消火栓口中心距装饰地面高度1.10m，箱内阀门中心距箱侧面140mm，距箱后面100mm。埋地引出管的标高为-1.60m。

4）管道连接严禁焊接，螺纹连接时管道套丝必须三次完成，另要确保螺纹无乱丝、破坏、缺丝等现象，连接时采用白厚漆与麻丝为填料，锁紧后外露螺纹以 2～3 扣为准，且应将外露的麻丝剔除干净。螺纹连接破坏的镀锌层表面及外露螺纹部分应做防腐处理。支架、法兰、阀门连接时螺栓拧紧后突出螺母的长度不得大于螺杆直径 1/2，且螺栓安装方向应统一，支架开口（孔）必须使用钻床钻孔，严禁使用电焊烧割支架或开口槽。

5）材料选用应符合国家标准，且不得使用有砂眼、裂纹、偏口、丝扣不全或角度不准的管件，管材的管口铁膜，毛刺应清除干净，选用规格为 610mm 和 914mm 的两种管钳进行锁紧。

6）各类阀门必须经试压合格后方能安装在管路上。管道及附件安装完毕后要进行系统试压，并经验收后再对其进行清洗。

7）管道穿过墙和楼板时应设金属套管，安装在楼板内的套管其顶部高出装饰地面 20mm，其底部与楼板底面相平，安装在墙内的套管其两端与装饰面相平，立管套管与管道之间缝隙应用阻燃密实材料和防水油膏填实，端平光滑，横贯套管与管道之间缝隙应用防水油膏填实且端口平滑。

7. 风管系统安装

（1）风管安装

1）风管安装前，应清除内、外杂物，并做好清洁和保护工作。

2）风管安装的位置、标高、走向，应符合设计要求，现场风管接口的配置，不得缩小其有效截面。

3）风管在地面进行组装，组装时保持作业面平整，然后使用倒链进行吊装，在上升过程中要保持两侧受力均匀，且受力点不能位于风管接缝处。风管角钢法兰连接螺栓应均匀拧紧，其螺母宜在同一侧。

4）风管的连接处，应平直、不扭曲。风管水平安装允许偏差 3/1000，且不大于 20mm。暗装风管的位置应正确、无明显偏差。

5）风管与设备连接采用防火软接连接，减少设备振动带来的冲击力。应松紧适度，无明显扭曲。

6）风管接口的连接应严密、牢固。风管法兰垫片的材质采用厚度为 4mm 的耐热橡胶板，垫片不应凸入管内，宜不应凸出法兰外，连接或咬口不严密的采用密封胶密封。

7）薄钢板法兰风管的连接应符合下列规定：

8）风管连接时将角件插入四角处，角件与法兰四角接口的固定应稳固、紧密，端面应平整，相连处不应有大于 2mm 的连续穿透缝。法兰四角连接处螺栓保证连接牢固。

9）在法兰端面粘贴密封胶条并紧固法兰四角螺栓后，方可安装插条。安装插条不应松动。

10）薄钢板法兰、立咬口与包边立咬口的紧固螺栓（铆钉）间距不应大于 150mm，分布应均匀，最外端的连接件距风管边缘应不大于 100mm。

（2）风阀安装

1）安装多叶调节阀、防火防烟调节阀等各类风阀前，应检查其结构是否牢固，调节、制动、定位等装置应准确灵活。

2）安装时注意风阀的气流方向，应按风阀外壳标注的方向安装，不得装反。

3) 风阀的开闭方向、开启程度应在阀体上有明显和准确的标志。

4) 防火阀有水平、垂直、左式和右式之分，安装时应根据设计要求，防止装错。防火阀易熔件应在系统试运转之前安装，且应迎气流方向。防火分区隔墙两侧的防火阀，距墙表面不应大于 200mm。防火阀、排烟防火阀安装时必须单独配置风管支吊架。

5) 止回阀宜安装在风机压出端，开启方向必须与气流方向一致。

6) 变风量末端装置安装，应设独立支吊架，与风管连接前应做动作试验。

（3）风口安装

1) 各类风口安装应横平竖直，表面平整、固定牢固。在无特殊要求情况下，露于室内部分应与室内线条平行。各种散流器面应与顶棚平行。

2) 有调节和转动装置的风口，安装后应保持原来的灵活程度。

3) 室内安装的同类型风口应对称分布；同一方向的风口，其调节装置应在同一侧。

6.5 BIM 技术在机电预制设计、施工中的应用

6.5.1 BIM 概念及意义

BIM（Building Information Modeling）的意思为建筑信息模型。它具有信息完备性、信息关联性、信息一致性、可视化、协调性、模拟性、优化性和可出图性等特点。

借助 BIM 技术可以实现将建设单位、设计单位、施工单位、监理单位等项目参与方在同一平台上，共享同一建筑信息模型，进行项目可视化、精细化建造。BIM 不再像 CAD 一样只是一款软件，而是一种管理手段，是实现建筑精细化和信息化管理的重要工具。

6.5.2 BIM 机电预制一体化工作流程

1. 图样（或设计模型）的确定

将项目要求以及设计院提供的图样作为机电各专业深化设计以及出预制生产图样的依据，完善相关资料和信息，建立基于 BIM 的机电深化设计流程如图 6-2 所示。

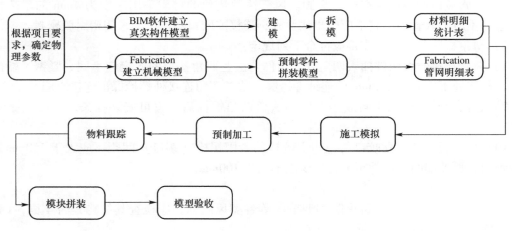

图 6-2　基于 BIM 的机电深化设计流程

2. 点云扫描校核

建模前利用点云三维扫描土建现场完成部分，根据模型校核建筑结构的 BIM 模型，着重校核预留孔洞位置、层高，如图 6-3 所示为 BIM、点云扫描、施工现场模型对比。

图 6-3　BIM、点云扫描、施工现场模型对比

三维扫描是指集光、机、电和计算机技术于一体的高新技术，主要用于对物体空间外形和结构及色彩进行扫描，以获得物体表面的空间坐标。它的重要意义在于能够将实物的立体信息转换为计算机能直接处理的数字信号，为实物数字化提供了相当方便快捷的手段。三维扫描技术能实现非接触测量，且具有速度快、精度高的优点。其测量结果能直接与多种软件接口，这使它在 CAD、CAM、CIMS 等技术应用日益普及的今天很受欢迎。

在发达国家，三维扫描仪作为一种快速的立体测量设备，因其测量速度快、精度高、非接触、使用方便等优点在制造业中得到越来越多的应用。用三维扫描仪对手板、样品、模型进行扫描，可以得到其立体尺寸数据，这些数据能直接与 CAD/CAM 软件接口，在 CAD 系统中可以对数据进行调整、修补，再将其送到加工中心或快速成型设备上制造，可以极大地缩短产品制造周期。

3. 机电各专业建模

利用设计阶段的 BIM 或者设计阶段提供的图样，以及施工现场点云扫描模型完成机电各专业模型的建立，根据专业划分可以将 BIM 分为如下内容：

（1）电气工程　强弱电线槽、配电柜、配电箱。

（2）采暖及给水排水工程　管道、管件、阀门、仪表、设备（水泵、水箱、消毒器、消火栓箱）、保温层、喷头、卫生器具、散热器。

（3）通风与空调　风机、风管、软连接、风阀、风道末端、保温层。

（4）其他　综合支吊架、机电设备基础。

4. 管线综合调整与优化

在制作 PC 结构构件加工图之前，必须利用 BIM 技术对建筑、结构、电气、暖通、给排水、消防、弱电等各专业的管线设备建模并进行管线综合平衡深化设计，以发现"错、漏、碰、缺"等设计问题，及时进行协调，直到消除所有问题为止。一定要到施工现场进行比较核对并根据现场情况修正模型。如果图样层面的深化设计不考虑现场实际偏差，工厂化预制很容易造成较大的材料浪费，此步工作是工厂化预制的关键所在。减少甚至杜绝返工是工厂化预制的前提和基础。

5. 模型拆分

模型拆分具体可分为三类：按系统分类拆分、按楼层拆分、按模块拆分。针对模型中的水管、风管、桥架的直管段，按照厂家的产品固定长度进行拆分，并利用 BIM 输出预制件、采购件清单等信息。利用 BIM 进行模型拆分并生成下料单如图 6-4 所示。

编号	系统类型	管件名称	尺寸	数量（个）
1	BJLT-消火栓	沟槽_1Gs-S型刚性管卡	150mm–150mm	5
2	BJLT-消火栓	沟槽_1Gs-S型刚性管卡	100mm–100mm	358
3	BJLT-消火栓	沟槽_130S型三通	100mm–100mm–100mm	25
4	BJLT-消火栓	沟槽_131R内螺纹三通	100mm–100mm–65mm	30
5	BJLT-消火栓	沟槽_240N沟槽内螺纹式异径管固	100mm–65mm	6
6	BJLT-消火栓	沟槽_S型90度弯头	100mm–100mm	96
7	BJLT-消火栓	玛钢_90度弯头	65mm–65mm	67
8	BJLT-消火栓	沟槽_220管固	65mm–65mm	24
9	BJLT-消火栓	沟槽式中线手柄蝶阀	100mm	34

图 6-4　利用 BIM 进行模型拆分并生成下料单

6. 预制加工图的制作

针对项目中复杂节点的模型组或者需要自己拼装生产的构件，可以先将它们的模型导入 inventor 软件，然后通过与加工人员沟通确定加工编号顺序。一般根据组装顺序进行编号，并将编号结果与管道长度编辑成加工清单（图6-5），利用 BIM 软件生成轴测图、标注管道长度、生成构件清单表格来指导生产。数字化加工流程如图6-6所示，风管生产加工如图6-7所示，水管生产加工如图6-8所示。

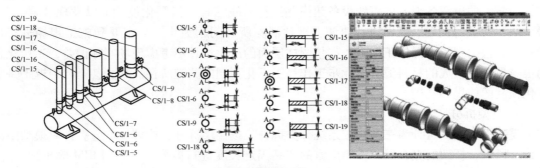

图 6-5　利用 BIM 生成预制加工图

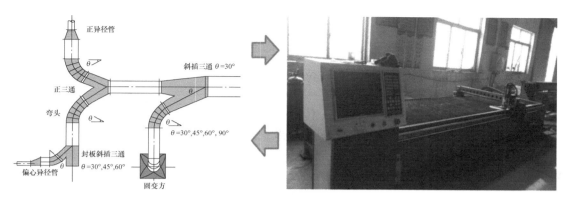

图 6-6　数字化加工流程

图 6-7　风管生产加工

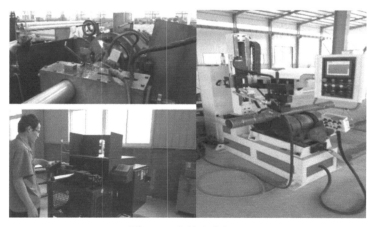

图 6-8　水管生产加工

7. 数字化加工及运输

（1）风管制作工艺技术要求

1）圆形风管（不包含螺旋风管）直径大于等于 800mm，且其管段长度大于 1250mm 或总面积大于 4m² 均应采取加固措施。

2）矩形风管边长大于 630mm，保温风管边长大于 800mm，管段长度大于 1250mm 或低压风管截面面积大于 1.2m²，中、高压风管截面面积大于 1.0m²，均应采用加固措施。

3）矩形风管弯管的制作，一般应采用曲率半径为一个截面边长的内外同心弧形弯管。

当采用其他形式的弯管时，截面边长大于500mm时，必须设置弯管导流片。

4）风管与配件的咬口应紧密、宽度一致，折角应平直，圆弧应均匀，两端面平行。风管无明显扭曲与翘曲，表面应平整，凹凸尺寸不大于10mm。

5）焊接风管的焊缝应平整，不应有裂缝、凸瘤、穿透的夹渣、气孔及其他缺陷，焊接后板材的变形应矫正，并将焊渣及飞溅物清除干净。

6）风管法兰的焊缝应熔合良好、饱满，无假焊和孔洞；法兰平面度的允许偏差为2mm，同一批的相同规格法兰的螺孔排列应一致，并具有互换性。

7）风管与法兰采用铆接连接时，风管端面不得高于法兰接口平面。除尘系统的风管宜采用内侧满焊、外侧间断焊形式，风管端面与法兰接口平面的距离不应小于5mm；当风管与法兰采用点焊固定时应紧贴，不应有穿透的缝隙或孔洞。

8）风管外径或外边长的允许偏差：当风管外径或外边长小于或等于300mm时，允许偏差为2mm，当风管外径或外边长大于300mm时，允许偏差为3mm，圆形法兰任意正交两直径不应大于2mm。

（2）桥架预制加工 预制桥架按照材料可以分为：钢质电缆桥架（不锈钢）、铝合金电缆桥架、玻璃钢电缆桥架（手糊和机压两种）、防火阻燃桥架（无机阻燃板、阻燃板加钢质外壳、钢质加防火涂料）；按照形式可以分为：槽式、托盘式、梯级式、组合式；按照表面处理可以分为：喷塑、喷漆、热镀锌、热喷锌、冷镀锌及锌镍合金。桥架预制加工需要遵守《电控配电用电缆桥架》（JB/T 10216—2013）、《电缆桥架》（QB/T 1453—2003）、《户内户外钢制电缆桥架防腐环境技术要求》（JB/T 6743—2013）等现行标准要求。桥架支吊架生产加工如图6-9所示。

图6-9　桥架支吊架生产加工

8. 预制管件组合安装

预制管件的组合安装需要现场施工人员做到以下几点：

1）熟悉、会审图样，了解设计内容及设计意图，明确工程所采用的设备和材料，明确施工要求，明确综合布线工程和主体工程以及其他安装工程的交叉配合，以便及早采取措施，确保施工过程中不破坏建筑物的结构强度及外观，不与其他工程发生位置冲突。

2）及时编制施工方案，做好技术交底工作。各分项工程由工长向施工班组进行交底并有技术交底记录，制定工程中重点部位的技术措施。

3）结合现场情况制定安全要求，明确施工中必须遵守的安全管理、监督的法定流程。

4）做好所有施工机具管理，填写机具用量表。主要机具用量表见表6-4。

5）具体施工流程及方法请参照本章第 6.4 节。

表 6-4　主要机具用量表

序　号	名　称	单　位	数　量	计划进场时间
1	放样机器人	台		
2	升降平台	台		
3	材料运输车	辆		
4	高架	套		
5	照明灯	套		
6	断管器	台		
7	套丝机	台		
8	沟槽机	台		
9	电锤	把		
10	开孔器	台		
11	断丝钳	把		
12	红外线	个		
13	电动扳手	个		
14	货架	组		
15	看图桌	个		
16	手提工具箱/盒	个		
17	锤子	把		
18	手提配电箱	个		
19	设备控制箱	个		

9. 验收校核

验收校核是指对施工完成后的各专业进行验收，确认质量、尺寸是否合格，是否满足设计的需要。检验合格后交付完成。验收校核内容如下：

1）管道两端加工处完整，不能出现损坏。

2）管道上的二维码到场后需保持完整。

3）管道的质量、外观需要保证，避免出现切口不整齐、内外壁镀锌涂层不均匀的情况，不能出现毛刺等。

4）管道上干净整洁，不能有过多的油污。

近年来随着人们对可直接入住的高品质精装修房的需求越来越大，内装工业化体系中的整体厨房、整体卫浴、架空地板技术等也在一些示范项目中得到了应用。2010 年住房和城乡建设部发布了《CSI 住宅建设技术导则（试行）》，其核心内容之一即为"所有机电管线应与结构体分离"。这样省去了在结构体内预留预埋设备管线的过程，更主要的是使设备管线具有了可维修性和可更替性，从而延长住宅的使用寿命。

"十三五"期间，全国仍有大量保障性住房需要建设，为住宅工业化的发展提供了良好的契机。在现有的预制装配式住宅体系下，通过利用合理的竖井布置及管线排布，降低管线占用空间高度，在满足管线可维修和更新的情况下最大限度地降低成本，这是机电设计的关键；配合做好 PC 结构构件预留预埋是机电设计师的责任，如何在设计方法上引导大众使用习惯，是广大设计师的奋斗目标。

本章主要介绍了装配式建筑中机电系统的设计、施工过程，重点介绍了装配式建筑机电预制的优势、特点以及设计要点，预制机电构件的安装管理、生产过程以及 BIM 在机电设计、施工中的作用。通过本章的学习，读者需要掌握装配式建筑机电预制的工作流程，设计原则及要点等内容。

复习思考题

1. 机电预制的优势有哪些？为什么要发展机电预制？
2. BIM 在机电预制中的作用是什么？基于 BIM 的设计、施工流程是什么？
3. 机电系统中各专业设备安装的注意事项是什么？

装配式建筑装修

内容提要

本章重点介绍装配式装修的概念、设计以及主要的分项工程的施工过程。其中重点介绍 CSI 的核心理念、全装修设计原则和理念、全装修建筑主要分项工程施工，包括吊顶工程、地面工程、墙面工程、整体厨卫等。

课程重点

1. 了解装配式装修的概念。
2. 熟悉 SI、CSI 理念的内涵。
3. 掌握 CSI 设计原理。
4. 掌握 CSI 设计特点。
5. 熟悉各分项工程的施工过程。

7.1 装配式装修概述

近些年来我国建筑行业的发展速度是惊人的，其中装饰装修尤为突出，但是目前我国装饰装修工程中还是存在手工劳动多、工作效率低，装修过程中的能源和资源消耗大、对环境污染严重等诸多问题。随着国务院办公厅发布的《关于大力发展装配式建筑的指导意见》（国办发〔2016〕71 号）、《国务院办公厅关于促进建筑业持续健康发展的意见》（国办发〔2017〕19 号）和住建部提出的《"十三五"装配式建筑行动方案》等政策的推进，发展装配式建筑的目标得以明确："建立健全装配式建筑政策体系、规划体系、标准体系、技术体系、产品体系和监管体系，形成一批装配式建筑设计、施工、部品部件规模化生产企业和工程总承包企业，形成装配式建筑专业化队伍，全面提升装配式建筑质量、效益和品质，实现装配式建筑全面发展。"

《"十三五"装配式建筑行动方案》中明确了推行装配式建筑全装修成品交房。加快推进装配化装修，提倡干法施工，减少现场湿作业。推广集成厨房和卫生间，预制隔墙、主体结构与管线相分离等技术体系。建设装配化装修试点示范工程，通过示范项目的现场观摩与交流培训等活动，不断提高全装修综合水平。

随着装配式建筑的发展，装配式装修作为装配式建筑的重要组成部分也进入了快速发展阶段。

7.1.1　装配式装修的概念

装配式装修是一种将工厂化生产的部品部件通过可靠的装配方式，由产业工人按照标准程序采用干法施工的装修过程。它主要包括干式工法楼（地）面、集成厨房、集成卫生间、管线与结构分离等分项工程。装配式装修特点是：部品部件在工厂生产，在现场组装完成。

装配式建筑中提到的"全装修成品交房"中的全装修是指建筑在竣工前，建筑内所有功能空间固定面全部铺装或粉刷完成，住宅中厨房和卫生间的基本设备全部安装完成，公共建筑水、暖、电、通风基本设备全部安装到位，并达到建筑使用功能和建筑性能的基本要求。目前，全装修是装配式装修主要的发展方向和标准。装配式建筑与装配式装修的关系示意图如图 7-1 所示。

图 7-1　装配式建筑与装配式装修的关系示意图

7.1.2　装配式装修的特征

传统的装修方式是工人在现场对原材料进行加工，再进行施工的工作方式。其存在大量的现场加工和湿作业，施工质量完全依赖工人的手艺，工期一般都很长。装配式装修是一种全新的装修方式，它没有湿作业，采用干式工法，部品部件在工厂预先制作完成，由产业工人在现场进行组装，质量好，安装速度快，无污染。与传统装修相比，装配式装修有以下特征：

（1）标准化设计　标准化设计是实现产品工业化、施工装配化的前提，利用可视化、信息化的 BIM 等手段可以实现多专业协同设计，使建筑与装配式装修一体化设计，实现设计精细化和标准化。

（2）工业化生产　产品统一部品化，部品统一型号规格、统一设计标准。同时，由于部品、部件在工厂生产，在施工现场组装，使现场工程实现了低噪声、低粉尘、低垃圾的目标。

（3）装配化施工　由产业工人现场装配，通过规范装配动作和程序进行施工，安装快，缩短了工期、提高了施工的水平。

（4）信息化协同　部品标准化、模块化、模数化，使测量数据与工厂制造协同，现场进度与工程配送协同。

（5）工人产业化　标准化的构件和施工安装流程可以对现场施工人员进行标准化的培训，降低了现场施工工人的技术性差错造成的工程质量风险，同时保证了施工进度和质量。

7.1.3　装配式装修与传统装修方法的比较

建筑装饰工程的目的是满足房屋建筑的使用功能和美观要求，改善室内居住条件，保护主体结构在各种环境因素作用下的耐久性，防止其受侵蚀，弥补和改善结构在功能方面的不足。20 世纪八九十年代的居住建筑，建筑设计与装修设计是分开进行的，当时开发企业为降低成本和加快房屋销售，一般项目只进行土建设计及土建施工，交工标准为毛坯房，一般都是由业主单独委托装修单位或个人进行居住建筑内部装修的设计及施工，但这种操作模式有很多弊端：

（1）装修工程普遍存在浪费现象　原来我国上市销售的新建商品住房多为初装修的"毛坯房"，交付住户后需进行二次装修才能使用，几乎所有的房屋都要对原来设计的水、暖、电线路进行改造，对已完成施工的开关、面板、照明灯具、暖气片等进行更换，被更换的材料只能当废品处理掉，装修的一些剩余材料一般也被当作垃圾处理，浪费现象十分严重。

（2）装修人员施工水平高低参差不齐，后期维修及服务难有保障　有些装修施工单位是一个有经验的包工头带着一些没有经过专业培训的工人进行施工作业，很多工人都是边干边学，因而施工完成后经常出现质量问题。曾经有一住户，室内装修完成已经三四个月了，楼下邻居反映屋顶渗水，后来把卫生间的大部分地砖拆了才发现是一个水管接头没有焊接牢固，虽然每次只是渗一点点水，但积少成多，最终导致上述质量问题。当业主想找原来的装修施工单位维修时，才发现原来的装修人员是个装修游击队，早已找不到人了。

（3）擅自改变房屋建筑结构，增加安全隐患　建筑物的结构是根据房屋高度、地基、面积、壁厚等诸多方面所决定的，它涉及建筑物内在和外在的各个因素，承担着房屋的自重和来自其他各方面的荷载。一些业主为了增加自身房屋的使用功能，随意拆改原来内部墙体结构，损坏房屋结构，使得有些钢筋混凝土构件受损严重，严重威胁房屋结构安全，给人民的生命和财产安全带来很大隐患。

（4）装修噪声及材料污染严重　由于业主购买毛坯房后，并不是所有的业主都同时装修，后期装修的业主肯定会对前期已经装修完毕并已入住的业主造成影响：首先是噪声影响，一般物业公司只规定装修施工单位每天可以进行施工的时间段，但在施工期间产生的噪音难免会对左邻右舍产生影响。其次是装修材料假冒伪劣产品多，普通装修业主一般都是自己采购主材，而辅助材料由施工单位采购，施工单位为了追求利润最大化，经常会采购假冒伪劣产品，而这些产品会含有很多有毒的化合物，这些化合物往往需要几年甚至几十年才能挥发完毕，给业主带来的危害是长期的。再次是建筑装修垃圾的运输和处理，也给建筑物的公共空间及社会环境造成损害。

装配式装修因为其大部分部品部件都是在工厂完成，现场施工组装，涵盖了集成式厨卫、给水排水、强弱电、地暖、内门、照明等全部内装部品，下面就装配式装修的优点进行介绍：

（1）更绿色环保　传统地面采用实木地板或者地砖，墙面采用腻子和涂料装修，涂料和木地板甲醛等有害气体释放量高，地砖也可能存在放射性。装配式装修室内墙、地面大量采用水泥基材和金属基材材料，全面降低甲醛释放的可能。

（2）耐用性更好　传统装修隐蔽工程隐患多，（例如，传统装修卫生间易漏水，传统做法是：与地漏、马桶、洗手盆相连的管道均穿过楼板至下一层，接入排水立管）装配式装修易损部品采用新技术，提高使用寿命耐用性。

（3）易维护性高　传统装修管线均暗装在墙体地面中，检修维护不方便，且成本高。装配式装修管线分离为日常维修及装修翻新提供方便，在大幅降低维修量的同时，也使单次维修成本大大降低。装配式装修部品全装配化，安装、拆卸、更换轻松完成，易维护性高。

（4）质量稳定性高　传统装修均是现场湿作业，管线防水，还有排水管道等传统做法均是现场手工操作，工人技术水平参差不齐，装修品质不均衡。对技术工人依赖性高。装配式装修所有部品均实现了工厂化生产，质量安全可靠，对现场工人的技术性要求降低，同时也保障了工程质量的稳定性。

7.2 装配式装修设计理念

装配式装修设计一方面要遵循装配式建筑的设计标准化、施工装配化和部品部件生产工程化，减少现场施工的湿作业，促进装配式建筑的发展；另一方面也要考虑建筑使用者多变的需求以及设计风格，保证建筑主体结构的稳定性。目前，装配式装修工程主要的设计理念来自于日本的 SI（Skeleton-Infill）体系，结合 SI 体系的优点以及我国目前市场的需求，我国也提出了自己的装配式装修的标准 CSI，本节内容主要就 SI、CSI 等设计理念进行介绍。

7.2.1 SI 体系介绍

SI 是一种采用建筑支撑体与内装完全分离的装配式施工方法，具有长期耐久性和易变更性。是日本提出的一种住宅体系。SI 的核心概念是 S（Skeleton）和 I（Infill）的分离，S即具有 100 年长久耐用性的支撑体和公共设备，包括承重的柱、梁、楼板、墙以及围护结构的外墙、屋面、阳台、门窗、共用管线及设备等。I 是根据社会和家庭发展状况，10～30 年需要更新、变化的内装及户内设施，包括非承重的分户墙、户内隔墙、门窗以及走廊、厨卫、起居室、卧室等功能空间的装修、专用管线和设备等。SI 体系图解如图 7-2 所示。

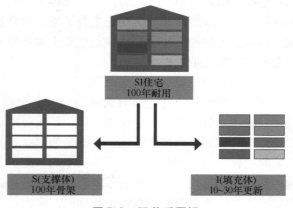

图 7-2 SI 体系图解

在我国，SI 住宅已经引起政府的高度重视。国务院办公厅于 1999 年 8 月即颁布了《关于推动住宅产业现代化提高住宅质量的若干意见》的文件，明确提出加强基础技术和关键技术的研究，建立住宅技术保障体系；积极开发和推广新材料、新技术，完善住宅的建筑和部品体系；健全管理制度，建立完善的质量控制体系。2010 年 10 月，住房和城乡建设部住宅产业化促进中心发布《CSI 住宅建设技术导则（试行）》，CSI 技术导则的提出参考了日本 KSI 的住宅建设发展经验以及开放建筑（Open Building）理论、支撑体住宅（SAR）理论（图 7-3），第一次明确提出了将住宅支撑部分和填充体部分相

具有中国住宅产业化特色的
住宅建设体系——CSI 住宅

图 7-3 CSI 体系简图

分离的住宅建筑体系，推进了我国百年建筑计划。

CSI（China-Skeleton-Infill Housing System）是指支撑体与填充体相分离的新型长寿命工业化住宅建筑体系。其中 C 是 China 的缩写；S 是英文 Skeleton 的缩写，表示具有耐久性、公共性的住宅支撑体，是住宅中不允许住户随意变动的一部分；I 是英文 Infill 的缩写，表示具有灵活性、专有性的住宅内填充体，包括各类套内设备管线、隔墙、整体厨卫和内装修等，是住宅内住户在住宅全寿命周期内可以根据需要灵活改变的部分。

7.2.2　CSI 核心理念介绍

1. 支撑体部分与填充体基本分离

CSI 的核心理念是建造百年建筑，S 指具有百年以上长久耐用性的支撑体与公共设备，包括承重的柱、梁、楼板、墙以及维护结构的外墙、屋面、阳台、门窗、公共管线及设备等。I 指 10～30 年需要更新、变换的内装及户内设备，包括非承重的分户墙、户内隔墙、门窗等，为了保证建筑的耐久性和装修多样化的需求，在装修设计的时候需要充分考虑建筑各主体之间的关系，使后期装修多样化、个性化的需求不影响主体建筑的稳定性。为实现百年建筑打好基础。

2. 主要居室布局可变更性

CSI 住宅是一种全生命周期住宅，为满足入住者的变化，及装修风格和居住环境的变化等，在设计的时候需要充分考虑以后居室变化的灵活性，在房屋进行改建、变更时不破坏主体结构的稳定性。

3. 部品模数化、集成化

所谓模块化，就是为了取得最佳效益，从系统观点出发，研究产品（或系统）的构成形式，用分解和组合的方法建立模块体系，并运用模块组合成产品（或系统）的全过程。这个定义揭示了模块化的定义，具体如下：

1）模块化的宗旨是效益。模块化的意图和最终目的是为了满足人们对多样化的需求和适应激烈的市场竞争，在多品种、小批量的生产方式下，实现最佳的效益和质量。

2）模块化的对象是产品（或系统），产品的构成模块化是解决某类（产品）系统的最佳构成形式问题。

3）模块化的主要方法是系统的分解和组合，模块化的产品（系统）是由标准的模块组成的。系统（产品）的分解和组合的技巧和运用水平，是模块化的核心问题。

4）模块化的目标是建立模块系统和对象系统，建立模块系统是实施模块化设计的前提，建立对象系统则是模块化的最终归宿。

5）模块化是一个有目标、有组织的活动过程，其中既有生产技术（设计和制造）过程，也有生产技术的管理（规划、计划、鉴定、实施、协调）过程。在模块化过程中还有模块化系统的形成、发展、完善、成熟和更新的过程。

7.2.3　全装修设计原则及理念

1. 设计标准化、部品化

在设计前期导入模数的理念，贯穿设计、生产、组装、施工全过程，减少浪费，缩短工期。基本的标准化配件＋多种组合方式＋多种颜色款式＝功能与风格的多样性。部品材料是建筑设计的基础，与建筑空间的使用质量息息相关。同时，部品化设计在项目前期就能最大化控制成本，做到综合成本最优。全装修设计施工流程如图7-4所示。

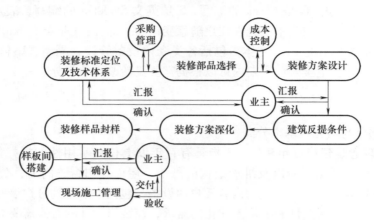

图7-4　全装修设计施工流程

2. 大空间（室内没有柱、梁等结构体）

主体结构采用大跨度柱距，分户墙及隔墙均为预制部品，因此能够形成户内宽敞的大空间，既利于空间的有效利用，又便于进行二次设计。由于室内没有小梁、柱的羁绊，可以方便自由地进行户内平面布局，既可合并形成面积较大的开放空间，也可以分割成多个小空间。在空间的功能布局上也有更多的选择。

3. 层高较高

全装修建筑一般采用架空地板和双层顶棚，将排水管、电气配线及通风换气管道等设置在地板下或顶棚上，确保管线空间。因此，其层高要比普通住宅高才能保证一定的室内净高。层高一般在3m以上，双层地板的高度保持在130～300mm，双层顶棚内高度保持在150～400mm。

4. 地面、墙面架空

将管线设备在双层顶棚、双层底板及双层墙板内，而不是埋嵌在结构躯体里是实现设计标准化、施工干作业地面的保障，同时架空系统为后期翻新、改造等都提供了保障。

5. 同层排水

同层排水是指卫生间内卫生器具排水管不穿越楼板，排水横管在本层套内与排水总管连接，一旦发生需要清理疏通的情况，在本层套内就能解决问题的一种排水方式，如图7-5所示。同层排水技术具有很多优点，主要体现在以下几个方面：①房屋产权明晰：卫生间排水管路系统布置在本层住户家中，管道检修可在户内进行，不干扰下层住户；②排水噪声小：排水支管布置在楼板上，被回填层覆盖后有

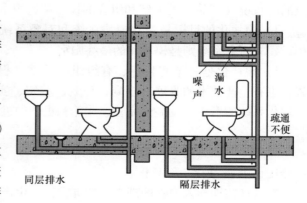

图7-5　同层排水示意图

较好的隔声效果，从而排水噪声大大减小；③渗漏水概率小：卫生间楼板不被排水支管穿越，减小了渗漏水的概率，也能有效地防止病菌的传播等。

7.3　全装修建筑主要分项工程施工

7.3.1　全装修施工特点

绿色环保：全干作业，无污染、无飞尘，安装施工简便快捷。

装配化施工：装饰材料均在工厂内模数化设计成品，避免现场裁切，极大地减少建筑垃圾的产生、降低材料损耗。

交叉作业：装配式装修打破传统装修的墙、顶、地装修顺序模式，采用了交叉式施工方式，可缩短施工周期、降低损耗，便于检修、更换，最大限度地降低维修成本及成品恢复时间，避免传统项目常出现的边设计、边施工、边修改的问题，节省工期，节省人员，降低装修造价。

7.3.2　主要分项工程施工要求

1. 吊顶工程

全装修宜采用全吊顶设计，通风管道、消防管道、强弱电管线等宜与结构楼板分离，敷设在吊顶内，并采用专用吊件固定在结构楼板（梁）上；并将管线、吊杆安装所需预埋件提前设置在楼板（梁）内，不在楼板（梁）上钻孔、打眼和射钉。

吊顶龙骨根据项目需要可以采用轻钢龙骨、铝合金龙骨、木龙骨等。目前较常用的是轻钢龙骨。吊顶面板一般采用石膏板、矿棉板、木质人造板、纤维增强硅酸钙板、纤维增强水泥板等板材。

装饰面板安装要求如下：

1）饰面板安装前应按规格、颜色等进行分类存放。

2）纸面石膏板采用螺钉安装时，螺钉头宜略埋入板面，并不得使纸面破损，螺母应做防锈处理并用专用腻子抹平。

3）安装双层石膏面板时，上下层板的接缝应错开，不得在同一根龙骨上接缝。

4）金属饰面板采用吊挂连接件、插接件固定时应按产品说明书的规定放置。

5）饰面板上的灯具、风口箅子等连接件的位置应合理、美观，与饰面板交接处应严密。

6）安装饰面板前应完成吊顶内管道、电线电缆试验和隐蔽验收。

7）快装龙骨吊顶工程安装的允许偏差和检验方法见表7-1，吊顶安装允许偏差和检验方法应符合表7-2的规定。

表 7-1　快装龙骨吊顶工程安装的允许偏差和检验方法

项　次	项　目	允许偏差/mm	检验方法、检查数量
1	表面平整度	3	用2m靠尺和塞尺检查，各平面四角处
2	接缝直线度	3	拉5m线（不足5m拉通线）用钢直尺检查，各平面抽查两处
3	接缝高低差	2	用钢直尺和塞尺检查，同一平面检查不少于三处

表7-2　吊顶安装允许偏差和检验方法

类别	序号	项　目	质量要求及允许偏差/mm				检　验　方　法	检　验　数　量
主控项目	1	标高、尺寸、起拱、造型	吊顶标高、尺寸、起拱和造型应符合设计要求				观察；尺量检查	全数检查
	2	吊杆、龙骨、饰面材料安装	暗龙骨吊顶工程的吊杆、龙骨和饰面材料的安装必须牢固				观察；手板检查	全数检查
	3	石膏板接缝	安装双层石膏板时，面层板与基层板的接缝应错开并不得在同一根龙骨上接缝				观察	全数检查
	4	材料表面质量	饰面材料表面应洁净、色泽一致，不得有翘曲、裂缝及缺损，压条应平直、宽窄一致				观察	全数检查
	5	灯具等设备	饰面板上的灯具、烟感器、喷淋头、风口算子等连接件的位置应合理、美观，与饰面板的交接应严密				观察	全数检查
一般项目				纸面石膏板	金属板	木板、人造木板		
	6	暗龙骨吊顶	表面平整度	3	2	2	用2m靠尺或塞尺检查	横竖方向进行测量，且不少于一点
	7		接缝直线度	3	1.5	3	拉5m线，不足5m拉通线用钢直尺检查	
	8		接缝高低差	1	1	1	用2m钢尺和塞尺检查	
	9	明龙骨吊顶	表面平整度	3	2	2	用2m靠尺和塞尺检查	横竖方向进行测量，且不少于一点
	10		接缝直线度	3	2	3	拉5m线，不足5m拉通线用钢直尺检查	
	11		接缝高低差	1	1	1	用2m钢尺和塞尺检查	

2. 地面工程

地面工程设计及施工应遵循"主体与装修分离、主体与管线分离、建筑轻型化、现场装配化"等原则。在地面装修工程中，可以采用地面架空系统对地面进行结构架空式装配，所有管线收纳在地面的空腔中，提高了施工效率、维修方便程度，降低了改造时的拆解强度和难度。

架空地面利用地脚支撑体系实现地面的架空，架空层内可以布置水、暖、电等管线。架空地面可以用于住宅的厨房、卫生间等需要同层排水工艺的区域，架空地面系统由边龙骨、支撑脚、衬板、地暖系统、蓄热板和装饰面板等组成，衬板可采用经过阻燃处理的刨花板、细木工板等，蓄热板宜采用热惰性好的板材，同时配置可拆卸的高密度平衡板，耐久性强，拆除方便，为后期用户二次装修提供便利。地面工程施工如图 7-6 所示，居室、厨房、封闭阳台模块式采暖地面结构图如图 7-7 所示，卫生间架空地面结构图如图 7-8 所示。

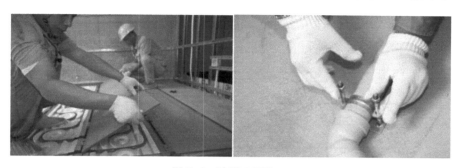

图 7-6　地面工程施工

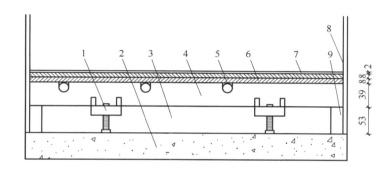

图 7-7　居室、厨房、封闭阳台模块式采暖地面结构图

1—可调节地脚组件　2—结构楼板　3—架空层　4—地暖模块　5—De16×2mmPE-RT 管，间距 150mm　6—平衡层　7—饰面层　8—墙面　9—边支撑龙骨

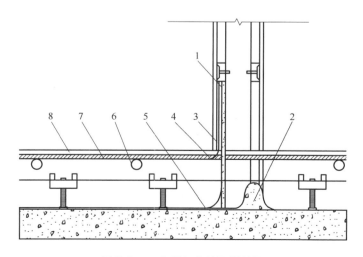

图 7-8　卫生间架空地面结构图

1—250mm 高防水坝　2—止水门槛　3—PE 防水防潮隔膜　4—PVC 防水层
5—聚合物水泥防水层　6—地暖模块　7—平衡层　8—饰面层（涂装板）

架空地板系统可以在居住建筑套内空间全部采用，也可部分采用。如果房间地面内无给排水管线，地面构造做法满足建筑隔声要求，则该房间可不做架空地板系统。架空地板系统主要是为实现管线与结构体分离，管线维修与更换不破坏主体结构，实现百年建筑目标。地暖模块剖面图如图7-9所示，基于地脚螺栓的架空地面系统如图7-10所示。

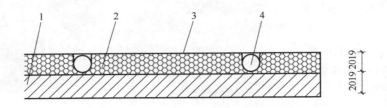

图7-9　地暖模块剖面图

1—地暖模块骨架　2—保温层　3—镀锌钢板　4—$De16 \times 2mm$PE-PT 管

图7-10　基于地脚螺栓的架空地面系统

架空地面安装要求如下：

1）架空地板连接方式：支撑脚与结构楼板一般采用粘接固定，衬板与支撑脚一般采用螺钉固定，保温层与衬板采用粘接固定，地暖系统层与衬板采用螺钉固定。

2）边龙骨与四周墙体宜预留15mm左右的间隙，并在缝隙之间填充柔性垫块固定。

3）支撑脚垫片与衬板采用螺钉固定，螺钉距各边不应小于15mm。

4）衬板水平校正合格后，可根据工艺要求注入支撑脚专用胶粘接固定。

5）衬板之间宜预留15mm左右的间隙，用胶带粘接封堵缝隙；衬板与四周墙体宜预留5～15mm的间隙，并用柔性垫块填充固定。

6）衬板及面层上应留设机电检查口或其他开孔，开孔应保持结构完整，切割部分应进行封边处理。

7）支撑脚落点应避开地板架空层内机电管线，衬板或者地热层固定螺钉时不得损伤和破坏管线。

8）架空地板的允许偏差和检验方法见表7-3。

表7-3　架空地板的允许偏差和检验方法

类别	序号	项　目	质量要求及允许偏差/mm		检 验 方 法	检 验 数 量
主控项目	1	面层质量	表面洁净、色泽一致、无划痕损坏		观察	全数
	2	整体感观	整体振动	感觉不到	感观	
			局部下沉	无柔软感觉	脚踏	
			噪声	无声音	行走	
一般项目	3	表面平整度、接缝	表面平整度	3	水平仪测量	每个房间不少于五点
			衬板间隙	10～15	钢尺测量	
			衬板与周边墙体间隙	5～15	钢尺测量	
			缝格平直	3	拉5m线和用钢尺检查	
			接缝高低差	0.5	用钢尺检查和楔形塞尺检查	

3. 墙面工程

墙面工程主要是指建筑的内墙系统，包括分户墙、卫生间、厨房隔墙等不具有承重功能的墙。内墙系统常见的类型可以分为条形板类和立筋类。条形板类包括：蒸压加气混凝土（ALC）板、陶粒圆孔板、轻质复合EPS墙板、轻质陶粒水泥隔墙、玻璃纤维增强石膏空心条板等；立筋类（龙骨类隔墙）主要包括：轻钢龙骨与内充岩棉、轻钢龙骨与CCA板（内充泡沫混凝土）等。

一般分户隔墙、楼电梯间墙采用轻质混凝土空心墙板、蒸压加气混凝土墙板、复合空腔墙板或其他满足安全、隔声、防火要求的墙板。住宅套内空间和公共建筑功能空间内隔墙采用骨架隔墙板，面板可采用石膏板、木质人造板、纤维增强硅酸钙板、纤维增强水泥板等，不应采用含有石棉纤维、未经防腐和防蛀处理的植物纤维装饰材料。

内隔墙系统安装一般要求如下：

1）卫生间隔墙应设250mm高防水坝，防水坝采用8mm厚无石棉硅酸钙板。防水坝与结构地面相接处应用聚合物砂浆抹八字角。

2）隔墙内水电管路敷设完毕固定牢固且经隐蔽验收合格后，填充50mm厚岩棉。

3）卫生间隔墙内PE防水防潮隔膜应沿卫生间墙面横向铺贴，上部铺设至结构顶板，底部与防水坝表面防水层搭接不小于100mm，并采用聚氨酯弹性胶粘接严密，形成整体防水防潮层。

4）轻质内隔墙局部固定较重设备和饰物时，应采用加强龙骨及内衬板，并与主龙骨或者主体墙板采取可靠连接。墙面系统案例如图7-11所示。

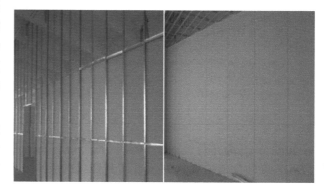

图7-11　墙面系统案例

每种内墙体系都有其优缺点，下面就两种常见内墙进行介绍。

1）轻钢龙骨石膏板内墙。轻钢龙骨石膏板内墙是指以轻钢为骨架，以石膏板为罩面的非承重墙体。轻钢龙骨石膏板具有质量轻、安装方便、操作简单，以及强度高、防水、防潮、防火、吸音、减震等优点；其主要缺点有：①轻钢龙骨石膏板的隔断墙面容易开裂；②砂浆密度不高，使日常用水或雨水容易渗入垫层，从而出现反碱泛黄现象；③施工时一般要注意砂浆和地砖的粘合性；④一般干铺法要比湿铺法的费用高；⑤干铺的厚度会比较大，所以一般用于尺寸比较大的瓷砖铺设。骨架隔墙板安装的允许偏差和检验方法见表7-4。

表7-4　骨架隔墙板安装允许偏差和检验方法

类别	序号	项　目	质量要求及允许偏差/mm		检 验 方 法	检 验 数 量
主控项目	1	龙骨间距及构造连接、填充材料设置	隔墙中龙骨间距的构造连接方法应符合设计要求。骨架内设备管线的安装、门窗洞口等部位加强龙骨应安装牢固、位置正确，填充材料的设置应符合设计要求		检查隐蔽工程验收记录	全数检查
	2	整体感观	骨架隔墙表面应平整光滑、色泽一致、洁净、无裂缝，接缝应均匀、顺直		观察；手摸检查	全数检查
	3	墙面板安装	墙面板应安装牢固，无脱层、翘曲、折裂及缺损		观察；手扳检查	全数检查
一般项目	4	立面垂直度	3	4	用2m垂直检测尺检查	每面进行测量，且不少于一点
	5	表面平整度	3	3	用2m靠尺和塞尺检查	横竖方向进行测量，且不少于一点
	6	阴阳角方正	3	3	用直角检查尺检查	
	7	接缝高低差	1	1	用钢直尺和塞尺检查	
	8	接缝直线度	—	3	拉5m线，不足5m拉通线用钢直尺检查	
	9	压条直线度	—	3	拉5m线，不足5m拉通线用钢直尺检查	

如图7-12为龙骨墙面工程示意图，龙骨隔墙板施工流程一般按照如下顺序进行：轻隔墙放线→安装门洞口框→安装沿顶龙骨和沿地龙骨→竖向龙骨分档→安装竖向龙骨→安装横向卡档龙骨→安装石膏罩面板→施工接缝做法→面层施工。施工过程中具体要求如下：

① 轻隔墙放线：根据设计施工图，在已做好的地面或地枕带上，放出隔墙位置线、门

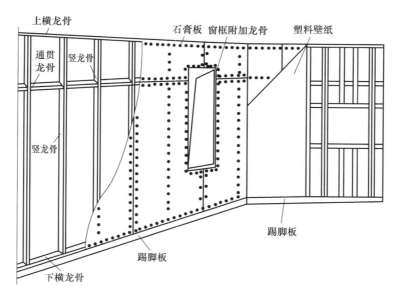

图 7-12　龙骨墙面工程示意图

窗洞口边框线，并放好顶龙骨位置边线。

②安装门洞口框：放线后，按设计要求先将隔墙的门洞口框安装完毕。

③安装沿顶龙骨和沿地龙骨：按已放好的隔墙位置线安装顶龙骨和地龙骨，用射钉固定于主体上，射钉钉距为 600mm。

④竖龙骨分档：在安装顶地龙骨后，根据隔墙放线门洞口位置，按罩面板的规格900mm 或 1200mm 板宽进行分档，分档规格尺寸为 450mm，不足模数的分档应避开门洞框边第一块罩面板位置，使破边石膏罩面板不在靠洞框处。

⑤安装竖向龙骨：按分档位置安装竖龙骨，竖龙骨上下两端插入沿顶龙骨及沿地龙骨，调整垂直及定位准确后，用抽心铆钉固定；靠墙、柱边龙骨用射钉或木螺钉与墙、柱固定，钉距为 1000mm。

⑥安装横向卡挡龙骨：根据设计要求，隔墙高度大于 3m 时应加横向卡档龙骨，采向抽心铆钉或螺栓固定。

⑦安装石膏罩面板。

⑧沿顶、沿地龙骨及边框龙骨应与结构体连接牢固，并应垂直、平整、位置准确，龙骨与结构体的固定点间距不应大于 1m。

⑨安装轻钢龙骨的横贯通龙骨时，隔墙高度在 3m 以内的不少于两道，3~5m 以内的不少于三道。支撑卡安装在竖向龙骨的开口一侧，其间距同竖龙骨间距。

⑩面板安装前，隔墙板内管线应做隐蔽工程验收。

⑪面板宜沿竖向铺设，长边接缝应安装在竖向龙骨上。当采用双层面板安装时，上下层板的接缝应错开，不得在同一根龙骨上接缝。

2）条形板（蒸压轻质砂加气混凝土）墙面施工流程及方法。蒸压轻质砂加气混凝土产品是指以硅砂、水泥、石灰为主要原料，由经过防锈处理的钢筋增强，经过高温、高压、蒸汽养护而成的多气孔混凝土制品。其隔声与吸声性能俱佳，具有很好的保温隔热性能。轻质性比重为 0.5，是普通混凝土的 1/4，大大降低了墙体的自重，降低建筑物基础造价。产品有外墙板、内墙板、楼层板和屋面板等，可用于楼梯间、电梯井道、分户墙等部位。其具体施工过程如下：

① 基层清理：将楼板或者连接部位进行清理，清除混凝土浆、铁锈以及其他灰尘。

② 测量放线：根据结构预留的控制线，结合并计算图样中墙与轴线等的距离，在混凝土楼板上弹出 AAC 板位置线、门洞口线。

③ 验线：依据图样计算复核各轴线及位置线的位置，验线时须严谨、认真，并核实门洞口位置及尺寸。

④ 连接件安装：利用碰撞螺栓以及 U 形卡将楼板与梁/柱进行固定。蒸压轻质砂加气混凝土连接节点图如图 7-13 所示。

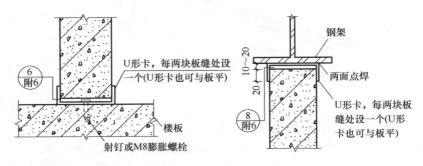

图 7-13　蒸压轻质砂加气混凝土连接节点图

⑤ AAC 板材安装：根据楼板上的墙体位置线，将砂浆抹到 AAC 板的位置处。抹好砂浆后，一人用撬杠将 AAC 板撬起，一人扶好 AAC 板，对准基线，用力使撬棍将墙板放进 U 形卡，使嵌缝水泥砂浆从接缝处挤溢出，保证砂浆饱满并挤压密实，然后刮去因挤压溢出墙板的嵌缝水泥砂浆、校正墙板。抹砂浆时，要抹饱满，不许少抹或不抹。溢出的砂浆可以回收重新利用，以节约材料。在安装时，要抓紧、扶稳 AAC 板，防止出现意外事故。安装完第一块板之后，将第二块板的凸起对准第一块板的凹槽，进行拼接。拼接时一定要用力，尽量缩小接缝，剩余墙板继续按此施工。

⑥ 缝隙处理：AAC 板缝、AAC 板与预制柱或梁缝隙需要采用软连接处理，用专用的发泡胶打满或用专用的嵌缝剂嵌缝，保证缝隙部位密封、安全。

4. 整体厨房

整体厨房由结构（底板、顶板、壁板、门）、橱柜家具（橱柜及填充件、各式挂件）、厨房设备（冰箱、微波炉、电烤箱、抽油烟机、燃气灶具、消毒柜、洗碗机、水盆、垃圾粉碎器等）、厨房设施（给水排水、电气管线与设备等）进行系统搭配而组成的一种新型厨房形式。整体厨房系统设计应合理组织操作流线，操作台宜采用 L 形或 U 形布置，应设置洗涤池、灶具、操作台、排油烟机等设施，并预留厨房电器设施的位置和接口等满足设计规范的要求。整体厨房施工流程如图 7-14 所示。

5. 整体卫浴

装配式全装修住宅卫生间宜采用整体卫浴系统，所谓整体卫浴是指由工厂生产、现场组装的满足洗浴、盥洗和便溺功能要求的基本单元模块化部品，如图 7-15 所示。住宅卫生间建筑装修一体化工程应符合住宅建筑可持续发展的原则，应系统考虑产品和部品在设计、制造、安装、交付、维护、更新直至报废处理全生命周期中各个阶段技术运用的合理性。住宅卫生间建筑装修一体化工程宜采用装配式建造方式，整体协调建筑结构、机电管线和内装部品的装配关系，做到内外兼顾、相互匹配。

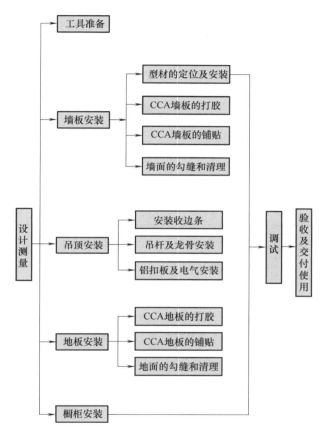

图7-14　整体厨房施工流程图

图7-15　整体卫浴效果图

住宅卫生间建筑装修一体化工程设计应采用标准化设计方法，遵循模块化原理，采用模块化的产品和部品，通过标准模块的组合满足多样化的要求。住宅卫生间建筑装修一体化工程设计应遵循模数协调规则，建筑空间和部品规格设计应选用标准化、系列化的参数尺寸，实现尺寸间的相互协调。住宅卫生间建筑装修一体化工程宜采用建筑结构体与建筑内装体、设备管线相互分离的方式。当使用整体卫浴时，其性能和质量应符合行业现行标准《住宅整体卫浴间》（JG/T 183—2011）的有关规定。

给水排水设备体系与墙板、地板单独分离，后期维修不需要将卫生间地面、墙面整体开凿，仅需取下墙板、地板，降低维修成本，节约时间，减少污染。浴室下是一个独立的瓷盆，几乎完全可以解决因防水不好而渗漏的问题。系统构造上采用墙面防水、墙板留缝打胶或者嵌入止水条相结合，实现墙面整体防水。地面防水是指地面安装工业化柔性整体防水底盘，水通过专用快排地漏排出，整体密封不外流。防潮墙面采用柔性防潮隔膜，引流冷凝水至整体防水地面，防止潮气渗透到墙体空腔；多项配套专用部品量身定制，契合度高。

　　系统优势上，工业化柔性整体防水底盘整体一次性集成制作防水密封可靠度为100%，可变模具快速定制各种尺寸。专用地漏满足瞬间集中排水，防水与排水堵疏协同，构造更科学，减重70%。整体卫浴空间及部件结合薄法同层排水一体化设计，契合度高。

　　如图7-16所示为整体卫浴安装流程，下面介绍整体卫浴安装注意事项。

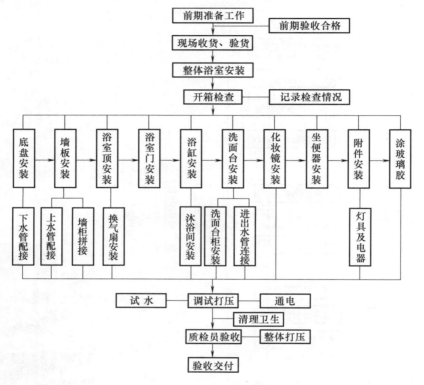

图7-16　整体卫浴安装流程

　　1）卫生间地面必须找平，无积水，无垃圾。

　　2）给水系统：完成冷热水管主管与支管（接头预留 $DN15$ 外牙）的安装，并完成试压，保证无渗漏，符合国家规定标准及整体浴室的安装要求。

　　3）排水系统：排污排水立管与整体浴室垂直投影范围外的支管的安装应无渗漏，符合国家规定标准及整体浴室的安装要求。

　　4）卫生间地面防水层与墙面防水层交界处搭接长度不应小于100mm。

　　5）卫生间门口应有阻止积水外溢的措施。

　　6）卫生间宜设置淋浴底盘，淋浴区应设置专用地漏。

　　7）洗衣机排水采用直排方式时，排水管口应采用专用密封垫封堵。

　　8）设置热水器的卫生间应明确热水器安装及固定方式，热水器位置应不影响其他部品的使用功能。

　　9）快装轻质隔墙设计应充分考虑悬挂壁挂空调、电视等重物的需要，并采用安全可靠的加固措施。

本章重点对装配式装修的设计理念进行了说明，另外对装配式装修主要的分项工程的施工过程进行了介绍，包括架空地面工程、墙面工程、整体卫浴。希望通过本章的学习，读者能系统了解装配式装修与传统装修设计、施工的区别，并对装配式装修的整个设计、施工流程有更深入的了解。

复习思考题

1. 简述装配式装修和传统装修有什么不同。
2. 装配式建筑设计的理念是什么？设计的时候需要考虑哪些方面的问题？
3. 装配式装修施工过程有哪些特点？

第8章　装配式混凝土结构建筑质量管理

内容提要

本章主要介绍装配式混凝土结构建筑的质量管理概述，参建单位的质量管理，施工过程质量控制以及质量验收划分与标准。希望通过本章的学习，读者能全面熟悉装配式混凝土结构建筑的质量管理的内容和流程。

课程重点

1. 掌握建设单位、设计单位、施工单位、监理单位的质量责任。
2. 掌握构件生产企业及施工过程控制的管理。
3. 掌握装配式混凝土结构建筑的质量验收划分与标准。

8.1　装配式混凝土结构建筑的质量管理概述

装配式混凝土结构建筑凭借节能、节地、节水、节财和环境保护等优势，迅速得到建筑行业的青睐。一直以来，成本低、工期短、质量高和安全性好是建设工程项目管理追求的基本目标，但由于装配式混凝土建筑还处于发展初期，还存在很多问题，相比于成本和工期，质量和安全问题更应放在首位。本章重点介绍了质量管理的目标、各参与方的责任以及质量管理的标准等内容。

装配式混凝土结构建筑质量管理是以国家相关建筑规范为基础，规范建设单位、设计单位、施工图审查机构、施工单位、监理单位等单位的职责和明确他们的工作标准。

严格装配式混凝土结构建筑质量管理不仅能够有效保证装配式混凝土结构建筑的质量，还能够准确地划分参建单位的责任，精细地指导各个单位的工作要点，最终为装配式混凝土结构建筑在我国的健康稳定发展提供良好的保障。

装配式混凝土结构建筑的发展与传统建筑相比有着革命性的变化，高效、环保、绿色等优点是它替代传统建筑的优势。装配式混凝土结构建筑产品的质量最难把控却又最易出现问题，新的结构形式、新材料的应用等使装配式混凝土结构建筑质量深受社会各界高度重视，因而其质量管理也由早先粗放的管理模式转化为现代化系统的管理模式。

8.2 　参建单位的质量管理

8.2.1 　建设单位质量管理

1）建设单位应根据装配式混凝土结构建筑工程的特点，总体协调全面工作，在工程建设的全过程中，建设单位应当承担装配式建筑设计、构件制作、施工各单位之间的综合管理协调责任，促进各单位之间的紧密协作。

2）建设单位应当将施工图设计文件委托施工图审查机构进行审查。涉及重大变更及装配率、重要建筑材料等的变更，应当委托原施工图审查机构重新进行审查备案。

3）建设单位应组织设计、监理、施工单位对预制混凝土构件生产企业生产能力及技术能力进行评估。

4）建设单位可委托具备相应资质的监理单位对预制混凝土构件的生产环节进行驻厂监造，并支付相应费用。

5）建设单位应当将装配式混凝土建筑工程的施工安装、机电安装等全部工程量纳入施工总承包单位管理，不得肢解发包工程，不得指定分包单位，不得违反合同约定提供建筑材料及构配件。

6）建设单位应组织专家对采用的新技术、新材料、新工艺及按相关规定应论证的工程进行论证。

7）建设单位应当牵头建立建设全过程信息化管理系统，宜运用建筑信息模型（BIM）、建筑物联网等技术从材料、设计、构件生产、施工等方面对装配式建筑实施质量控制。

8.2.2 　设计单位质量管理

1. 设计单位责任

1）设计单位应在施工图设计文件中明确装配式建筑的结构类型、预制装配率、PC 结构构件部位、PC 结构构件种类、PC 结构构件之间和 PC 结构构件与现浇结构之间的构造做法等，并编制装配式混凝土结构设计说明专篇，对可能存在的重大风险提出设计要求。

2）设计单位应为装配式混凝土建筑工程 PC 结构构件的生产、施工等环节提供技术支撑和技术指导。

3）设计单位应当参加首段装配式混凝土结构样板质量验收及装配式混凝土结构分项工程质量验收。

4）设计单位应当参与有关结构安全、主要使用功能质量问题的原因分析，并参与制定相应技术处理方案。

5）设计单位应明确主要预制混凝土受力构件结构性能检验要求及接缝防水构造措施。

6）设计单位宜在设计中进行信息化管理，包括建筑信息模型建立、管理及模型数据在工程项目中的应用。

2. 设计阶段影响质量的因素分析

（1）设计深化经验不足　设计阶段分为设计和深化设计。设计在传统模式下由设计单位出具设计蓝图，深化设计是指装配式建筑的构件拆分设计，缺乏对构件拆分设计的专业知识和国家标准的了解将影响设计成果的质量。

（2）构件拆分时各个专业配合不够　设计院在进行构件拆分时，需要建筑、结构、电气和水暖等各个专业的工程师相互配合，减少由于专业限制所带来的理解偏差，不断进行设计优化。由于装配式建筑仍处于发展中，专业人才短缺，不能有效解决遇到的问题，导致在拆分构件时各个专业配合不够，进而会影响构件质量。

（3）PC 结构构件的设计尚未达到标准化　由于装配式建筑行业技术及规范不完善，在拆分各个装配式建筑构件时其模数并没有统一标准，导致装配式建筑的构件多种多样。各个构架加工厂进行构件加工时，由于材料和施工工艺不同，质量也参差不齐。构件设计没有标准化，不但加工需要更多模具，而且无形中给装配式混凝土建筑以后的维护、维修制造了障碍，也影响建筑与设备、设计与部品的协同设计。

8.2.3   施工图审查机构质量管理

1）审查程序、内容等应当符合《房屋建筑和市政基础设施工程施工图设计文件审查管理办法》的规定。

2）施工图审查机构应当对装配式混凝土建筑的结构构件拆分及节点连接设计、装饰装修及机电安装预留预埋设计等涉及结构安全和保温、防水等主要使用功能的关键环节进行重点审查。

3）对于施工图设计文件中采用的新技术、超限结构体系等涉及工程结构安全且无国家、行业和地方技术标准的，应当由当地建设行政主管部门组织超限专项审查，出具评审意见，作为施工图审查技术依据。

8.2.4   施工单位质量管理

1. 施工单位责任

1）施工单位应当根据装配式混凝土建筑工程的设计文件及相关技术标准编制专项施工方案，并报总监理工程师审批。

2）施工单位应当就 PC 结构构件施工安装的施工工艺向施工操作人员进行技术交底。

3）施工单位应当建立健全 PC 结构构件进场验收制度、PC 结构构件施工安装过程质量检验制度，并对构件安装作业进行全过程质量管控，形成可追溯的文档记录资料及影像记录资料，并按规定对施工安装的隐蔽工程和检验批进行验收。

4）施工单位应当及时收集整理施工过程的质量控制资料，并对资料的真实性、准确性、完整性、有效性负责。

5）施工单位应当建立、健全装配式施工人员技术培训及考核制度，吊装、拼装及灌浆等操作人员必须考核合格后方可进行装配式施工。

6）施工单位应进行施工过程信息化管理，包括构件标识识别、进场检验、吊装、拼装、试验检测、质量验收等方面，在施工前可进行模拟、碰撞等检查，对工程质量进行管控。

2. 施工单位影响工程质量的主要因素分析

根据装配式建筑施工的实际情况及存在的问题，可以将影响质量的因素分为四大类：构配件供应、施工准备、人员与机械操作以及管理协调。

（1）构配件供应 在装配式施工项目中，构配件的种类和数量众多，材料的科学管理直接影响施工质量。在装配式建筑施工的过程中，剪力墙、柱、楼板以及楼梯等构配件是作为主要的工程材料拼装到结构中的，这些结构构配件是由专门的工厂生产的。以我国现阶段的构配件生产情况来看，构配件厂规模有限，装配式构配件生产经验不足，生产出的构配件存在质量参差不齐的情况。此外，施工现场与生产构配件的工厂距离一般较远，需要由专业的运输车辆将构配件运至施工现场，并需要在运送途中对构配件做出相应的保护措施。构配件到达施工现场后，还要对构配件进行合理堆放和适当的养护，以免构配件因自然因素或人为因素影响而受损，从而影响建筑质量。构配件等材料在出厂时由于各项技术检验不当，可能会导致不合格的构配件运输到施工现场，进场验收合格的构配件也会由于保养、使用不当而造成质量和经济损失，使得施工方承担后果。

（2）施工准备 施工准备工作对整个装配式建筑施工阶段的质量控制起着举足轻重的作用，对于识别和控制施工准备工作中影响质量的因素具有重要意义。施工方在本阶段要提高预见性，制定必要的质量规划。构配件堆放场地规划不合理以及构配件不科学堆放都会影响以后的施工质量，施工机械质量水平、施工人员的专业水平，以及现场基础设施的设置情况也会对施工质量产生影响。此外，具有完备的图样会审、质量规划方案和施工方案也是装配式施工可顺利完成的重要因素。

（3）人员与机械操作 人员机械操作因素属于施工方可控制的因素，对其进行分析和控制不涉及项目其他参与方的工作。由于人员与机械操作因素控制不力而造成的质量损失由施工方独自承担，因此施工方要慎重对待。

装配式建筑与传统现浇建筑的一个重大区别在于施工方式发生了重大变革，由此也造成了施工现场的人员比例和相关的施工机械配置产生了重大变化。要充分发挥装配式建筑的施工效益，很重要的一点就是使技术娴熟的工人与性能良好的施工机械有机结合。在装配式施工过程中容易出现施工人员不按照规范和说明对主要机械设备进行操作。例如，运输设备、吊装设备以及灌浆专用设备等，这样不仅会降低施工质量，还可导致机械性能的下降。此外，关键部位的施工不善也会对施工质量造成直接影响。例如，梁、板、柱等构配件的结合不仅需要搭接，还需要进行现浇和灌浆工作，若放线测量等工作不善会导致这些构配件安装出现误差，使构配件吊装不到位而直接影响到结构整体受力性能的发挥。鉴于此，构配件的关键部位施工需要谨慎对待，任何方面的疏忽都有可能造成质量损失，需要引起施工方高度重视。

（4）管理协调 装配式建筑在施工技术上比传统的现浇式建筑有了突破性的进展。在技术水平有了较大发展的情况下，必然要求组织管理也产生相应的变革。

施工方需要同构配件厂就构配件的质量进行协调；同设计单位就技术交底、图样交底以及某些不可避免的设计变更进行积极协调；为了保证工程验收质量，工程收尾时要与业主方、监理方进行必要的验收工作，尤其是构配件搭接部位和灌浆部位的质量验收；与此同时，劳务分包方也应做好管理协调工作，使施工顺利完成。

为了积累施工工作经验，施工方应设立专员，对专员进行必要的技术交底，对装配式施工过程中的质量进行跟踪，并加以及时的反馈，施工方再根据专员的反馈进行相应的调节。

8.2.5 监理单位责任质量监督

监理单位质量控制的目标是确保 PC 结构构件生产、安装质量达到设计和规范要求的标准。为此，监理的重点是对 PC 结构构件生产（模具精度、进场原材料、钢筋加工制作、混凝土拌制、混凝土浇注、PC 结构构件养护等）、运输、安装过程质量进行全过程、全方位的质量控制。监理的难点是钢筋 PC 结构构件精度和质量要求高，PC 结构构件的吊装孔和安装螺钉预备孔的定位必须准确，若产生偏差，PC 结构构件将无法拼装或出现错缝。驻地监理和承包商"三检制"的现场控制，确保了 PC 结构构件生产施工质量。在施工过程中，监理工程师根据国家现行的有关法律、法规、技术标准、设计文件、工程承包合同、监理服务合同、监理规划、监理细则、业主的管理规定等，对工程施工质量进行严格的监督管理。具体责任如下：

1）监理单位应当针对装配式混凝土建筑工程的特点，编制监理规划和专项监理细则，针对装配式特点明确关键环节、关键部位，见证取样及旁站具体要求，经审批后实施。

2）监理单位实行驻厂监造的，要加强部品、部件生产质量管控。

3）监理单位应组织 PC 结构构件进场验收，全数检查 PC 结构构件的外观质量，预留、预埋件的规格及数量，预留孔洞的数量，并对电子标识进行识别检查，组织施工单位对 PC 结构构件按照一定比例进行实体检验。PC 结构构件制作质量评定表见表 8-1。

表 8-1　PC 结构构件制作质量评定表

单位工程名称					单元工程量		
分部工程名称					施工单位		
单元工程名称、部位					检验日期	年　月　日至 年　月　日	
项次	检 查 项 目		设计值 /mm	允许偏差 /mm	实测值 /mm	合格数 /点	合格率 （%）
1	模板安装	相临两板面高差		2			
2		局部不平（用 2m 直尺检查）		3			
3		板面缝隙		1			
4		预留孔、洞位置		10			
5		梁、桁架拱度		+5，−2			
6	钢筋焊接与安装	帮条对焊接接头中心的纵向偏移		0.5d			
7		两根钢筋的轴向曲折		40			
8		焊缝　高度		−0.05d			
		长度		−0.5d			
		宽度		−0.1d			
		咬边深度		−0.05d，且 <1			
		表面气孔夹渣：在 2d 长度上气孔夹渣直径		不多于 2 个，且 <3			

（续）

项次	检查项目		设计值 /mm	允许偏差 /mm	实测值 /mm	合格数 /点	合格率 （%）
9	钢筋焊接 与安装	同一排受力钢筋间距的局部偏差：板及墙		±0.5d, ±0.1间距			
10		同一排分布钢筋间距的局部偏差		±0.1间距			
11		双排钢筋的排间距局部偏差		±0.1排距			
12		箍筋间距偏差		±0.1箍筋距			
13		保护层厚度		±1/4净保护层厚			
14		钢筋起重点位移		20			
15		钢筋骨架：高度、长度		±5, ±10			
16	外形 尺寸	埋入建筑物内部的预制廊道、井筒、小构件等		±10 （长、宽）			
17		埋入建筑物内部的电梯井、垂线井、风道、预制模板		±5 （长、宽）			
18		板、梁柱等装配式构件		±3（长、宽）			
19	中心线 偏差	埋入建筑物内部的预制廊道、井筒、小构件等		±10			
20		埋入建筑物内部的电梯井、垂线井、风道、预制模板		±5			
21		板、梁柱等装配式构件		±3			
22	顶、底部 平整度	埋入建筑物内部的预制廊道、井筒、小构件等		±10			
23		埋入建筑物内部的电梯井、垂线井、风道、预制模板		±5			
24		板、梁柱等装配式构件		±5			

（续）

项次	检查项目	设计值/mm	允许偏差/mm	实测值/mm	合格数/点	合格率（%）
25	预埋件纵、横中心线位移		±3			
26	起吊环、钩中心线位移		±10			
检测结果		共检测　　　点，其中合格　　　点，合格率　　　%				
评定意见			质量等级			
模板合格率　　%；钢筋焊接与安装合格率　　%，构件尺寸合格率　　%。						
施工单位		年　月　日	建设（监理）单位		年　月　日	

4）监理单位应对施工安装过程进行监理，由总监组织装配式混凝土结构分项工程验收。

5）监理单位应核查施工管理人员及专业作业人员的培训情况和上岗情况，对 PC 结构构件吊装、拼装，PC 结构构件与现浇结构连接，连接部位灌浆等关键工序、关键部位实施旁站。

6）监理单位发现施工单位违反规范规定或未按设计要求施工的，应当及时签发监理文件要求整改，未整改或整改不合格的不予验收；拒不整改的，报监督机构；涉及结构安全的质量问题，监理单位应当及时向建设单位和建设行政主管部门报告。

7）监理单位应当通过信息化管理同步收集整理工程监理资料，并对资料的真实性、准确性、完整性、有效性负责。

8.2.6 PC 结构构件生产企业质量控制

PC 结构构件生产看似简单，其实不然，它要求每个制作环节必须高标准、精雕细作。若有工序出现问题或监管不到位，将影响该 PC 结构构件的质量。如果施工中使用了不合格的 PC 结构构件将会影响建筑使用年限，甚至带来安全隐患。生产合格的 PC 结构构件是构件生产企业的责任。

1. PC 结构构件生产企业责任

1）预制构件生产企业应当根据施工图设计文件、构件制作详图和相关技术标准编制构件生产制作方案，经企业技术负责人及施工单位项目技术负责人审核、监理单位项目总监审批后实施。

2）构件生产前，应当会同施工单位制定原材料和产品质量检测检验计划，并报项目总监理工程师批准。

3）构件生产企业应当建立健全原材料质量检测制度并满足以下生产条件：

① 企业内部实验室应实行主任负责制，所有配合比试验、质量检测报告必须由实验室主任签发。

② 检测程序、检测档案等管理应符合《建设工程质量检测管理办法》《房屋建筑和市

政基础设施工程质量检测技术管理规范》（GB 50618—2011）等规章及技术标准的规定。

③ 应严格按照有关规范、标准要求对原材料进行进场验收和取样检测，经检验、检测合格后方可使用，严禁使用未经检测或者检测不合格的原材料，检测原始记录应留存。

4）构件生产企业应当建立健全混凝土制备质量管理制度并满足以下生产条件：

① 制备混凝土所需原材料的存放条件：水泥和掺合料应使用筒仓存放，不同生产单位的原材料不得混仓，存储时应保持密封、干燥；骨料应按品种、规格分别堆放，不得混入杂物；骨料堆放场地的地面应做硬化处理，并应采取排水、防尘和防雨等措施；液体外加剂应放置于阴凉干燥处，应防止日晒、污染、浸水。

② 混凝土配合比设计应符合《普通混凝土配合比设计规程》（JGJ 55—2011）的规定，特殊要求混凝土应单独配置。

③ 混凝土制备过程的质量控制应符合《混凝土质量控制标准》（GB 50164—2011）、《混凝土结构工程施工质量验收规范》（GB 50204—2015）、《混凝土强度检验评定标准》（GB/T 50107—2010）等现行有关规范、标准的规定；制备过程中应当严格按照有关规范、标准要求进行计量，严禁随意调整配合比。

5）构件生产企业应当建立健全 PC 结构构件制作质量检验制度并满足以下条件：

① 应当与施工单位委托有资质的第三方检测机构对钢筋连接套筒与工程实际采用的钢筋、灌浆料的匹配性进行工艺检验，未进行工艺检验或工艺检验不合格的，严禁生产。

② 构件生产前，应当就构件生产制作过程关键工序、关键部位的施工工艺向工人进行技术交底。

③ 构件生产过程中，应当对隐蔽工程和每一检验批进行验收并形成书面记录，隐蔽工程和检验批未经验收或者验收不合格的，不得进入下道工序施工。

④ 应当建立构件成品质量出厂检验和编码标识制度，在所生产的每一件构件显著位置进行唯一性标识，并提供构件出厂合格证和使用说明书。

⑤ PC 结构构件存放及运输过程中，构件生产企业应当采取可靠措施避免构件受损、破坏。

⑥ 构件生产企业应当及时收集整理构件生产制作过程的质量控制资料，并对资料的真实性、准确性、完整性、有效性负责，不得弄虚作假。

⑦ 构件生产企业应当编制专项运输方案，经监理、施工单位批准后实施，方案应包含安全防护、成品保护和堆放、吊装风险控制等内容。

2. PC 结构构件建造过程影响质量的因素

（1）PC 结构构件生产制造阶段

1）台座和模具表面不平整。构件的浇筑、成型都需要借助台座和模具，若台座和模具表面不平整，会影响构件成型后的垂直度，这是影响 PC 结构构件质量的因素之一。

2）PC 结构构件表面出现裂缝。由于混凝土组成材料之一的水泥在水化时会引起 PC 结构构件背部温度剧烈变化，使 PC 结构构件早期塑性收缩和混凝土硬化过程中的收缩增大，使 PC 结构构件内部的温度收缩应力剧烈变化，从而导致 PC 结构构件出现裂缝，这也是影响 PC 结构构件质量的因素之一。

3）"三明治夹心外墙板"连接件性能不符合要求。装配式建筑外墙板一般采用内叶、保温层、外叶三层构成（俗称"三明治夹心外墙板"），因需要将三层连接起来，所以其连接件的性能十分重要。一般的金属连接件会造成热桥现象，而用玻璃纤维增强塑料材料制造的保温连接件虽然能彻底杜绝热桥现象，但成本太高，PC 结构构件加工厂如何取舍是影响外墙板质量的关键因素。

4）坐浆、注浆质量影响因素。坐浆前预制墙板底部杂物清理不到位或楼板洒水湿润不到位，会影响墙板和楼板粘结强度。注浆时如果环境温度过高，会加快构件结合面水分蒸发，进而影响结合面的质量。

（2）PC 结构构件施工安装阶段

1）PC 结构构件吊装后产生细微裂缝。

2）按照规定，不同种类的 PC 结构构件，其混凝土强度达到相应的要求时才能进行起吊，起吊时若混凝土构件的强度不达标，就会产生细微裂缝。

3）PC 结构构件安装尺寸发生偏差

4）施工放线位置不准确、PC 结构构件尺寸误差、构件晃动、现场安装人员与吊装机械配合不协调等都会造成安装尺寸发生偏差，进而导致安装质量不合格。

3. 质量控制建议

目前，我国关于装配式混凝土建筑的技术规范还不完善，有装配式混凝土建筑设计能力的设计院很少，异形 PC 结构构件拆分技术还不成熟，有必要采取相关措施来解决这些问题。首先，设计院要加强 PC 结构构件的标准化设计，在进行构件拆分时一定要与构件加工厂进行沟通，避免构件加工厂为了加工方便将构件拆分导致连接部位受力降低，进而影响施工质量；其次，BIM（建筑信息模型）的兴起，可解决各个专业间沟通不及时的问题，促进各专业工程师通力合作，保证 PC 结构构件的质量达到相关标准，构件加工厂在生产过程中可考虑使用 BIM；再次，构件加工厂要保证台模和模具表面平整，在 PC 结构构件材料选择、配合比设计、制备运输以及养护过程中采取一系列温度和温度应力监测措施，并制定应急预案，以保证加工质量；最后，装配式建筑相关企业要保证 PC 结构构件在起吊时混凝土达到起吊需要的强度，这也是保证构件质量的重要措施。

8.3　施工过程质量控制

8.3.1　施工过程质量管理原则

1. 事前、事中、事后控制要兼顾

事前控制是顺利完成的基础，这是由工程项目质量的内在特点决定的。在施工之前，应对影响装配式施工质量的因素进行细致分析，对装配式建筑施工程序中的常见问题提出解决方案，从而保证工程质量。如果事前控制工作没有准备充分，那么施工过程容易发生意外，不仅会影响质量，留下安全隐患，还会延误工期造成不必要的损失。

事中控制重点在于对施工过程的控制。装配式建筑施工相对于传统的现浇结构施工有很大的不同，要以施工中的构配件运输、堆放、检验和安装等一系列过程为主线，提高工人的技术水平，配备相应的起重吊装设备，并且依据装配式混凝土建筑的各项规范对完成的每个部位进行严格的质量检验，最后对整体建筑进行标准的质量检验以待验收。

事后保存资料是很重要的，对施工过程中收集整理的文字及录像资料进行审核，确保真实、准确、完整、有效后进行分类保存。目前我国装配式混凝土结构处于初级阶段，装配式资料还不完善，整理好一套完整的项目资料能够为以后实践做指导。

2. 系统观念要树立

施工企业进行工程项目建设的过程并不是孤立的，需要将工程项目各参与方视为一个系统，那么施工方是这个系统中的一个子系统。系统水平的高效发挥需要各子系统的有机协作。施工方要想使施工质量达到良好效果，必须树立系统观念，在立足自身的基础上与其他各参与方积极协调，借助外部力量达到质量目标，同时也可维护自身合法权益。

施工方与其他参与方关系如图 8-1 所示。

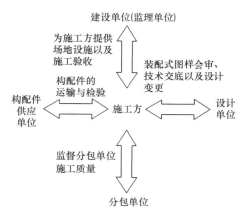

图 8-1　施工方与其他参与方关系

3. 分工责任要明确

人是工程施工的操作者、组织者和指挥者。人既是控制的动力又是控制的对象；人是质量的创造者，也是不合格产品、失误和工程质量事故的制造者。因此，在整个现场建筑施工质量管理的过程中，应该以人为中心，建立质量责任制，明确从事各项质量管理活动人员的职责和权限，并对工程项目所需的资源和人员资格做出规定。

4. 持续改进原则

装配式建筑在我国尚处于初级阶段，在施工的各阶段均存在提升的空间。施工方应借鉴他人的施工经验，同时注意总结自身在装配式施工前后的资料记录，对关键工序如构配件的吊装和搭接等进行总结，同时与建设方、设计方就构配件的安装验收和交底等关键技术问题进行深入交流，从而不断改进施工质量。

8.3.2　施工过程质量管理内容

为了保障装配式混凝土结构建筑的质量，在项目实施过程中，装配式建筑宜采用"样板先行"制度。提前对 PC 结构构件的安装样板进行展示，具体内容包括：对叠合构件浇筑节点、外墙挂板连接节点、灌浆套筒连接节点、保温、防水构造节点等进行样板展示；对首段装配式混凝土结构进行预拼装并形成样板段。施工过程中的构件安装样板展示如图 8-2 所示。

图 8-2　施工过程中的构件安装样板展示

施工单位是控制及保证装配式混凝土结构建筑质量的主要参与方之一，要以建造高质量标准的建筑、建造百年建筑为己任，做好施工整个过程的质量管理工作。PC 结构建筑的施工过程管理内容见表 8-2。

表 8-2　PC 结构建筑的施工过程管理内容

施工过程	管理内容
PC 结构构件进场	PC 结构构件进场应设置专用堆场，并选用合适的堆放方式
	大型特殊构件运输、堆放应采取保证质量的可靠措施
PC 结构构件吊装	PC 结构构件吊装前应根据现场实际情况制定 PC 结构构件吊装和质量管理专项方案，进行技术交底。正式拼装前，选择有代表性的单元或部件进行 PC 结构构件试拼装和连接
	PC 结构构件吊装应按已批准的专项施工方案进行。PC 结构构件吊装就位后，按规范标准进行检验，留存文字及图像检验记录。监理单位应复核施工总承包单位的检验结果
	PC 结构构件拼装完成后，施工总承包单位应协同监理单位对其外观质量进行检验
PC 结构构件连接	采用灌浆连接的，灌浆连接施工前应编制具有针对性的灌浆专项施工方案；现场灌浆施工所采用的灌浆料必须与型式检验报告中的灌浆料一致。灌浆施工前，应对灌浆料的流动度指标进行测试，指标合格后方可进行灌浆作业，并形成灌浆作业记录及影像资料
	灌浆套筒等连接件的平行检验试件制作、取样、送检均应在监理见证下进行，并符合《钢筋套筒灌浆连接应用技术规程》（JGJ 355—2015）的要求
	采用现浇混凝土连接的，连接部位混凝土施工前应对粗糙面、键槽、套筒、连接件进行隐蔽验收；浇筑过程应连续浇筑，确保混凝土密实

各责任主体单位在施工过程中应采用信息化管理及检验手段，通过信息化平台形成相关记录，对工程质量进行管控。

8.4　质量验收划分与标准

8.4.1　验收程序与划分

1）混凝土预制构件结构质量验收按单位（子单位）工程、分部（子分部）工程、分项工程和验收批的划分进行。按《建筑工程施工质量验收统一标准》验收，土建分为四个分部工程：地基与基础、主体结构（预制与现浇）、建筑装饰装修、建筑屋面。机电安装分为五个分部工程：建筑给水排水及采暖、建筑电气、智能建筑、通风与空调、电梯。建筑节能为一个分部工程。

2）混凝土预制构件结构验收分为四个部分：混凝土预制构件质量验收部分；混凝土预制构件吊装质量验收部分；现浇混凝土质量验收部分；混凝土预制件竣工验收与备案部分。

8.4.2　PC 结构构件验收方法

PC 结构构件验收分为：PC 结构构件生产单位验收与现场施工单位（含监理单位）验收

两个方面。

1. 构件生产单位验收

构件生产单位验收包含五个方面：模具、外墙饰面砖、制作材料（水泥、钢筋、砂、石、外加剂等）、外观质量、几何尺寸。

2. 现场施工单位验收

应验收 PC 结构构件的观感质量、几何尺寸和 PC 结构构件的产品合格证等有关资料；PC 结构构件图样编号与实际构件的一致性检查；对 PC 结构构件在明显部位标明的生产日期、构件型号、构件生产单位及其验收标志进行检查；按设计图的标准对 PC 结构构件上的预埋件、插筋、预留洞的规格、位置和数量进行检查。

8.4.3 PC 结构构件验收标准

在 PC 结构构件制作前，应该对构件模板进行系统的检测，减小产品误差，提高生产效率。PC 结构构件钢模检测表见表 8-3，PC 结构构件面砖入模检测表见表 8-4，PC 结构构件铝窗入模检测表见表 8-5，PC 结构构件预埋件与预留孔洞检测表见表 8-6，PC 结构构件钢筋入模检测表见表 8-7，PC 结构构件出厂装车前产品检测表见表 8-8，PC 结构构件墙板面砖现场修补检测表见表 8-9。

表 8-3　PC 结构构件钢模检测表

编号

序号	检测项目	允许偏差/mm	实测值/mm	检验方法
1	边长	+1，-2		钢尺四边测量，每块检查
2	板厚	+1，-2		钢尺测量，取两边平均值
3	扭曲、翘曲、弯曲、表面凹凸	-2，+1		四角用两根细线交叉固定，钢尺测中心点高度
4	对角线误差	-1，+2		细线测两根对角线尺寸，取差值，每块检查
5	预埋件	±2		钢尺检查
6	直角度	±1.5		用直角尺或斜边测量

表 8-4　PC 结构构件面砖入模检测表

编号

序号	检测项目	允许偏差	实测值	检验方法
1	面砖质量（大小、厚度等）	符合设计要求		抽查，入模粘贴前按 10% 到厂箱数抽取样板，每箱任意抽出两张 295mm×295mm 的瓷片进行尺寸、缝隙检查
2	面砖颜色	符合设计要求		抽查，入模粘贴前检查瓷片颜色是否与送货单及预制厂样板一致，目测

（续）

序号	检测项目	允许偏差	实测值	检验方法
3	面砖对缝（缝横平竖直、宽窄一致、嵌条密实、错缝符合要求等）	符合设计要求		全数检验，目测与钢尺测量相结合
4	窗上眉的鹰嘴	0，−1°		用三角尺，全数检查

表 8-5　PC 结构构件铝窗入模检测表

编号

序号	检测项目	允许偏差/mm	实测值/mm	检验方法
1	窗框定位（咬窗框的宽度等）	±2		钢尺四边测量，抽测不少于30%
2	窗框方向	全部正确		对内外、上下、左右目测
3	45°拼角（无裂缝）	符合设计要求		抽检，目测，每批检查不少于30%
4	管线预埋（防雷）	符合设计要求		全数检查无遗漏，目测
5	防盗预埋（智能化）	符合设计要求		全数检查无遗漏，目测
6	锚固脚片	符合设计要求		全数检查无遗漏，目测
7	保温槽口	符合设计要求		全数检查，目测
8	90°转角窗	确保为直角		全数检查，直角尺检测
9	对角线误差	±2		钢尺测量抽查不少于30%
10	窗框防腐	符合设计要求		全数检查，目测
11	窗的水平度	±2		全数检查

表 8-6　PC 结构构件预埋件与预留孔洞检测表

编号

序号	检测项目		允许偏差/mm	实测值/mm	检验方法
1	预埋钢板	中心线位置	3		用钢尺全数检查
		安装平整度	3		用靠尺和塞尺全数检查
2	插筋	中心线位置	5		钢尺抽查检查
		外露长度	+10，0		钢尺抽查检查
3	预埋吊环	中心线位置	±50		钢尺全数检查
		外露长度	+10，0		钢尺全数检查
4	预留洞（中心线位置、大小、倾斜度与方向）	中心线位置	5		钢尺、目测全数检查
5	预埋接驳器	中心线位置	5		钢尺全数检查
6	其他预埋件	中心线位置	5		钢尺全数检查

表 8-7　PC 结构构件钢筋入模检测表

编号

序号	项　目		允许偏差/mm	实测值/mm	检　验　方　法
1	绑扎钢筋网	长、宽	±10		钢尺检查
		网眼尺寸	±20		钢尺量连续三当，取最大值
2	绑扎钢筋骨架	长	±10		钢尺检查
		宽、高	±5		钢尺检查
3	受力钢筋	间距	±10		钢尺量两端、中间各一点，取最大值
		排距	±5		取最大值
		板保护层厚度	±3		钢尺全数检查
4	绑扎箍筋、横向钢筋间距		±20		钢尺量连接三档，取最大值

注：钢筋保护层厚度不超过 25mm，每批钢筋都要取样并进行力学性能检测试验。

表 8-8　PC 结构构件出厂装车前产品检测表

编号

序号	项　目	允许偏差	实测值/mm	检　验　方　法
1	出模混凝土强度	≥70%		抽查混凝土试验报告
2	预制板板长	±2mm		钢尺抽查
3	预制板板宽	±2mm		钢尺抽查
4	预制板板高	±2mm		钢尺抽查
5	预制板侧向弯曲及外面翘曲	±3mm		四角用两根细线交叉固定，钢尺测细线到对角线中心，抽查数量不少于 30%
6	预制板对角线差	±3mm		细线测两根对角线尺寸，取差值
7	预制板内表面平整度（对非拉毛的板）	3mm		用 2m 靠尺和塞尺检查
8	修补质量	按修补方案执行，气泡直径 0.3mm 以上要修补的不能有裂缝		按修补方案执行，修补位置要做好记录
9	产品保护	全数保护		目测
10	安装用的控制墨线	±2mm		全数钢尺检查
11	预埋钢板中心线位置	3mm		钢尺检查
12	预埋管、孔中心线位置	±3mm		钢尺检查
13	预埋吊环中心线位置	±50mm		钢尺检查
14	止水条（位置、端头、粘结力等）	符合设计要求		目测、手拔拉

（续）

序号	项　目	允许偏差	实测值/mm	检 验 方 法
15	铝窗检查	检查是否有破坏、移位、变形		全数检查
16	出厂前预制板编号	正确		全数检查
17	临时加固措施	符合方案要求		按方案检查
18	出厂前对新老混凝土结合处的检查	拉毛洗石面		全数检查

注：对出厂的板每块随机抽查不少于五项。

表 8-9　PC 结构构件墙板面砖现场修补检测表

编号

序号	检 测 项 目	允许偏差/mm	实测值/mm	备　注
1	面砖修补部位（混凝土预制件板编号、第几块）	符合设计要求		（记录在备注栏）
2	面砖修补数量	符合设计要求		（记录在备注栏）
3	混凝土割入深度	符合设计要求		全数检查，目测
4	粘结剂饱和度	符合设计要求		全数检查，目测
5	粘结牢固度	符合设计要求		全数检查，目测
6	面砖对缝	符合设计要求		全数检查，目测
7	面砖平整度	符合设计要求		全数检查，目测

8.4.4　PC 结构构件吊装验收内容和标准

1. 吊装验收内容

PC 结构构件堆放和吊装时的支撑位置和方法符合设计和施工图。吊装前，构件和相应的连接、固定结构要与施工图上标注的尺寸、标高等控制尺寸一致，检查预埋件及连接钢筋等是否满足要求。

起吊时，绳索与构件通过铁扁担吊装，安装就位后，检查构件稳定的临时固定措施，复核控制线，校正固定位置。

2. 验收标准

PC 结构构件墙板吊装浇混凝土前、后每层检测表，见表 8-10 和表 8-11。

表 8-10　PC 结构构件墙板吊装浇混凝土前每层检测表

＿＿＿号楼　第＿＿＿层

序号	检 测 项 目	允许偏差/mm	实测值/mm	检 验 方 法
1	板的完好性（放置方式正确、有无缺损、裂缝等）	按标准		目测
2	楼层控制墨线位置	±2		钢尺检查

（续）

序号	检 测 项 目	允许偏差/mm	实测值/mm	检 验 方 法
3	面砖对缝	±1		目测
5	每块外墙板尤其是四大角板的垂直度	±2		吊线、2m 靠尺检查抽查 20%（四大角全数检查）
6	紧固度（螺母、三角靠铁、斜撑杆、焊接点等）	符合设计要求		抽查 20%
7	阳台、凸窗（支撑牢固、拉结可靠、立体位置准确）	±2		目测、钢尺全数检查
8	楼梯（支撑牢固、上下对齐、标高）	±2		目测、钢尺全数检查
9	止水条、金属止浆条（位置正确、牢固、无破坏）	±2		目测
10	产品保护（窗、瓷砖）	符合设计要求		目测（措施到位）
11	板与板的缝宽	±2		楼层内抽查至少 6 条竖缝（楼层结构面 +1.5M 处）

表 8-11　PC 结构构件墙板吊装浇混凝土后每层检测表

＿＿号楼　第＿＿层

序号	检 测 项 目	允许偏差/mm	实测值/mm	检 验 方 法
1	阳台、凸窗位置准确性	±2		钢尺检查
2	产品保护（窗、瓷砖）	符合设计要求		目测（措施到位）
3	四大角板的垂直度	±5		J2 经纬仪（具体数据填于 A4 纸的平面图上）
4	楼梯（位置、产品保护）	符合设计要求		目测
5	板与板的缝宽	±2		楼层内抽查至少 2 条竖缝（楼层结构面 +1.5m 处）
6	混凝土的收头、养护	符合设计要求		目测（措施到位）

注：本表用于浇筑混凝土后 36h 内的检查。

本章小结

　　装配式混凝土结构与传统现浇混凝土结构在建造工艺上有所区别，因此在建筑质量管理上与传统管理存在差异，掌握各工序的质量验收方法才能确保装配式混凝土结构的整体质量，从而推动装配式混凝土结构在我国广泛应用。无论什么时候，装配式建筑都应把质量放在首位。装配式建筑相关企业应不断提高设计标准，选用最合适的材料，不断改进 PC 结构构件的生产制备工艺，提高施工人员的专业素养和技术水平，同时分析质量影响因素，并采取质量控制措施。此外，政府也应该出台相关技术规范或者标准，保障装配式建筑质量，积极推进装配式建筑的发展。

复习思考题

1. PC 结构构件吊装前应该做哪些工作？
2. PC 结构构件验收方法有哪些？并简述其内容。

第9章 装配式混凝土结构建筑施工安全管理

✎ **内容提要**

　　本章主要介绍装配式混凝土结构建筑施工安全管理，包括施工安全管理概述、施工人身安全管理制度、机械设备安全管理、构件运输安全管理、施工过程安全管理，希望通过本章的学习，读者能够全面熟悉装配式混凝土结构建筑施工中每个环节的安全管理制度。

✎ **课程重点**

1. 了解施工安全管理概述。
2. 掌握施工人身安全管理制度。
3. 掌握施工机械设备安全管理内容。
4. 掌握构件运输安全管理内容。
5. 掌握施工人员施工过程中的责任。

9.1　施工安全管理概述

　　随着我国城市化进程的不断加快，在房地产行业不断发展的同时，人们对建筑施工提出了更高的要求。装配式混凝土结构建筑凭借着易控制、节能、施工周期短等特点，具备高度的竞争优势。随着我国对装配式结构研究的不断深入，装配式混凝土结构建筑体系进一步发展。但是和其他发达国家相比，我国的装配式混凝土结构建筑在施工过程中存在多种问题，包括：管理不完善，施工现场控制力度不够，工序之间存在重复工作等，这严重影响了施工过程的进度和安全性，不利于我国装配式混凝土结构建筑的发展。因此，需要进行体系化的管理，确保建筑的安全和质量。

9.1.1　装配式混凝土结构建筑施工安全管理依据和意义

　　装配式混凝土结构建筑施工安全管理，是指遵守国家、部门和地方的相关法律、法规和规章以及相关规范、规程中有关安全生产的具体要求，对施工安全生产进行科学的管理，预防生产安全事故的发生。它既保障施工人员的安全和健康又提高施工管理水平，实现安全生产管理工作的标准化。

9.1.2　施工安全责任制

　　建筑施工安全是建筑施工的基础，由于装配式混凝土结构建筑的施工方法不同于传统建筑的施工方法，所以装配式混凝土结构建筑施工的安全管理侧重点也略有不同。从以往的工程实践来看，安全问题主要存在于施工前期准备、施工装运、吊装就位、拼缝修补等阶段，同时周边环境对装配式混凝土结构建筑施工安全的影响亦大于常规建筑。

1. 制定施工现场安全管理规定

施工现场安全管理规定是施工现场安全管理制度的基础，目的是规范施工现场安全管理工作，使防护设施标准化、定型化。

施工现场安全管理的内容包括：施工现场一般安全规定、构件堆放场地安全管理、脚手架工程安全管理、支撑架及防护架安全使用管理、电梯井操作平台安全管理、马道搭设安全管理、安全网支搭及拆除安全管理、孔洞临边防护安全管理、拆除工程安全管理、防护棚支搭安全管理等。

2. 制定各工种安全操作规程

工种安全操作规程可消除和控制劳动过程中的不安全行为，预防伤亡事故，确保作业人员的安全和健康，是企业安全管理的重要制度之一。

安全操作规程的内容应根据安全生产法律、法规、标准、规范，结合施工现场的实际情况来制定，同时根据现场使用的新工艺、新设备、新技术，制定出相应的安全操作规程，并监督其实施。

3. 制定机械设备安全管理制度

机械设备是指目前建筑施工普遍使用的垂直运输和加工机具。机械设备本身存在一定的危险性，如果管理不当可能造成机毁人亡。塔式起重机和汽车式起重机是混凝土装配式结构施工中机械设备安全使用管理的重点。．

机械设备安全管理制度应规定：大型设备应到上级有关部门备案，遵守国家和行业有关规定，还应设专人负责定期进行安全检查、保养，保证机械设备处于良好的状态。

4. 安全生产检查及隐患排除管理制度

以"安全第一、预防为主、综合治理"的方针进行安全生产检查，这是安全生产工作中的一个重要组成部分，不仅能促进国家的安全生产方针和政策贯彻执行，而且能够揭露生产过程中存在的不安全因素，进而明确重点落实整改，确保生产安全。

安全生产检查及管理制度包括：安全检查实行定期检查、经常性检查、专业性检查、季节性和节假日检查、综合性检查等多种形式，这些形式的结合能很好地检查安全问题，但是检查是手段，排除才是目的。排除过程应该做到边查边改，件件要落实，桩桩有交代，整改责任到人，要做到"三定""四不准"。"三定"即定人员、定措施、定期限。"四不准"指凡是应由施工队解决的问题不推给班组，凡是应由部门解决的问题不推给施工队，凡是应由分部解决的问题不推给部门，凡是应由项目部解决的问题不能推给分部。

9.2　施工人身安全管理制度

施工安全管理是建筑工程项目顺利进行的基础，是项目具备经济效益和社会效益的重要保证，其中保障施工人员的人身安全是施工安全管理中的重要组成部分。首先，要确保在施工过程中不会出现重大安全事故，如管线事故、伤亡事故等。通过建立相应的安全管理制度和严格执行的安全检查组，可以有效保证施工现场的安全。

9.2.1　培养工人全面的安全意识

1. 安全生产教育

安全教育的内容主要包括：法制法规教育、企业有关规章制度教育、安全生产管理知识、安全技术知识教育、劳动纪律教育、典型事故案例分析等。

2. 工人安全教育

工人安全教育实行三级安全教育制度。

1）凡新进企业的员工、合同工、临时工、培训和实习人员等在分配工作前，应由公司、劳资、安全等部门进行第一级安全教育。教育内容包括国家有关安全生产法令、法规、本企业安全生产有关制度、本行业安全基本知识、劳动纪律等。

2）上述人员到施工项目部门后，应由施工项目部进行第二级安全教育。教育内容包括本项目工程生产概况、安全生产情况、施工作业区状况、机电设施安全、安全规章制度、劳动纪律。

3）上述人员上岗前应由工长、班组长进行岗位教育，即第三级安全教育。教育内容包括本工种班组安全生产概况，安全检查操作规程，操作环境安全与安全防护措施要求，个人防护用品、防护用具的正确使用，事故前的判断与预防，事故发生后的紧急处理等。

4）对经过三级安全教育的工人应登记建卡，由项目部安全检查负责管理教育资料。

5）没有经过三级安全教育的人员禁止上岗。

6）对变换工种的员工，要先进行新任工种的安全教育，安全教育的时间、内容要有书面记录。

3. 特种作业人员的安全教育

由于特种作业人员接触的不安全因素多、危险性较大、安全技术知识要求严，对进行特种作业人员的培训教育，其办法执行企业相应的特种作业人员管理制度。

1）项目部每周一应对本项目员工进行安全检查教育，教育内容包括：有关安全生产文件精神宣传教育，上周本项目工程安全检查生产小结，本周安全生产要求，表扬遵章守纪员工，批评违章作业行为，通报事故的处理情况。

2）对重大施工项目及危险性大的作业，在员工作业前，必须按制定的安全措施和要求，对施工员工进行安全教育，否则不准作业。

3）重大的节假日前，员工放假前后，应对员工进行针对性的安全教育。

4）利用工地黑板报等，定期或不定期进行安全生产宣传教育，报道安全生产动态，宣传安全生产知识、规程等。

人员的安全教育是提高项目人员安全意识、保障安全的操作规范，是减少事故发生的关键措施。

9.2.2　安全值班制度

1. 项目经理部安全值班制度

项目经理部成员都必须轮流坚持安全值班，每人一周时间。在值班期间，应尽职尽责作好安全管理工作，详细检查各个作业面的安全生产情况，发现事故隐患立即采取果断措施整改。对进入现场不戴安全帽，高处悬空作业不系安全带，穿拖鞋等情况，应按处罚规定给予处理。值班期间，应清查人数，凡工地有加班加点的人作业，值班人不得离开现场。参加值班期内发生的工伤事故调查、分析、做好值班记录，按时交接班。

2. 工地看场人员安全责任

工地看场人员，除搞好安全保卫工作外，应对进现场的外来人员进行登记，若清查发现有新增人员要及时向工地负责人汇报。在工地门口应设安全监督岗，对不戴安全帽、穿拖鞋、带小孩者，有权制止，不得让其进入施工现场。

各级值班人员，必须尽职尽责，作好安全值班工作，在值班期间，擅离岗位，不负责任，导致发生事故的，将追究值班人员的直接安全责任。

3. 安全十大禁令

1）严禁穿木屐、拖鞋、高跟鞋及不戴安全帽进入施工现场作业。

2）严禁一切人员在提升架、吊篮及提升架井口和吊物下操作、站立、行走。

3）严禁非专业人员私自开动任何施工机械及驳接、拆除电线、电器。

4）严禁在操作现场玩耍、吵闹和从高处抛掷材料、工具、砖石、砂泥及一切物体。

5）严禁土方工程的不按规定放坡或不加支撑的深基坑开挖施工。

6）严禁在没栏杆或其他安全措施的高处作业或在单行墙面上行走。

7）严禁在未设安全措施的同一部位同时进行上下交叉作业。

8）严禁带小孩进入施工现场作业。

9）严禁在高压电源危险区域进行冒险作业；严禁用手直接拿灯头、电线移动操作照明。

10）严禁在危险品、易燃品、木工棚现场及仓库吸烟、生火。

9.3 机械设备安全管理

装配式混凝土结构建筑施工过程中机械使用种类相比传统施工有很大差异，主要用于构件及材料的装卸和安装，主要设备包括：自行式起重机和塔式起重机，垂直运输设施主要包括塔式起重机、物料提升机和施工升降机，其中施工升降机既可承担物料的垂直运输和施工人员的垂直运输。自行式起重机和塔式起重机选用应根据拟施工的建筑物平面形状、高度、构件数量、最大构件质量和长度等确定，确保安全使用机械。科学安排与合理使用起重机械及垂直运输设备可大大减少施工人员体力劳动，确保施工质量与生产安全，加快施工进度，提高劳动生产率，对保障建筑施工安全生产具有重要意义。

9.3.1 机械设备安全管理制度和操作规范

1. 起重机械使用单位主要负责人职责

起重机械使用单位是起重机械安全的责任主体。起重机械使用单位的法人代表（主要负责人）是起重机械安全的第一责任人，对本单位起重机械的安全全面负责。应制定明确的、公开的、文件化的安全目标，为实现安全目标提供必需的资源保障，并对目标实现情况进行考核。其内容应包括但不限于以下几点：

1）严格执行国家和地方有关起重机械安全管理的有关法规、规范及有关标准的要求。

2）设立负责起重机械安全的管理机构和人员，配备专职或兼职安全管理人员，全面负责起重机械的安全管理工作。

3）负责起重机械安全生产资金的投入，纳入企业年度经费计划，并有效实施。

4）接受并配合特种设备安全监督部门的安全监督检查，对发现的安全隐患及时采取措施予以消除。

2. 起重机械安全管理人员岗位职责

1）熟悉并执行与起重机械有关的国家政策、法规，结合本单位的实际情况，制定相应的管理制度。不断完善起重机械的管理工作，检查和纠正起重机械使用中的违章行为。

2）必须经专业培训，熟悉起重机的基本原理、性能、使用方法，由特种设备安全监察部门考核合格。

3）监督起重机作业人员认真执行起重机械安全管理制度和安全操作规程。

4）参与编制起重机械定期检查和维护保养计划，并监督执行。

5）协助有关部门按国家规定要求向特种设备检验机构申请定期监督检查。

6）根据单位职工培训制度，组织起重机械作业人员参加有关部门举办的培训班和组织内部学习。

7）组织、督促、联系有关部门人员进行起重机械事故隐患整改。

8）参与组织起重机械一般事故的调查分析，及时向有关部门报告起重机械事故的情况。

9）参与建立、管理起重机械技术档案和原始记录档案。

10）组织紧急救援演习。

3. 起重机械作业人员岗位职责

1）熟悉并执行起重机械有关的国家政策、法规。

2）作业人员必须经过知识培训，由特种设备安全监察部门考核合格后方可上岗。做到持证操作，定期复审。

3）有高度责任心和职业道德。

4）做到懂性能、懂原理、懂构造、懂用途，会操作，不断提高专业知识水平和工作质量。

5）协助起重机械日常检查，配合维护保养人员对起重机械进行检查和维护。

6）严守岗位，不得擅自离岗。

7）密切注意起重机的运行情况，若发现设备、机械有异常情况或故障，及时向有关部门人员报告，及时排除隐患后方可继续使用，严禁带病运行。

8）做好当班起重机械运行情况记录和交接班记录。

9）保持起重机械清洁卫生。

4. 事故报告和应急救援管理制度

一旦起重机械设备发生事故，事故发生单位应当迅速采取有效措施组织抢救，防止事故扩大，减少人员伤亡和财产损失，并按照国家有关规定，及时、如实地向有关部门报告，不得隐瞒、谎报或不报。

5. 起重机械安全技术档案管理制度

为了做好起重机械设备的安全管理工作，可以制定起重机械技术档案的接收、登记、管理、借阅等制度，具体可以包括如下内容：

1）起重机械随机出厂文件（包括设计文件、产品质量合格证明、监督检验证明、安装技术文件和资料、使用和维护保养说明书、装箱单、电气原理接线图、起重机械功能表、主要部件安装示意图、易损坏目录）。

2）安全保护装置的型式试验合格证明。

3）特种设备检验机构起重机械验收报告、定期检验报告和定期自行检查记录。

4）日常使用状况记录。

5）日常维护保养记录。

6）运行故障及事故记录。

7）使用登记证明。

6. 使用登记和定期报检制度

1）起重机械安全检验合格标志有效期满前一个月向特种设备安全检验机构申请定期检验。

2）起重机械停用一年重新启用，或发生重大的设备事故和人员伤亡事故，或经受了可能影响其安全技术性能的自然灾害（火灾、水淹、地震、雷击、大风等）后也应该向特种设备安全监督检验机构申请检验。

3）起重机械经较长时间停用，超过一年时间的，或起重机械安全管理人员认为有必要的可向特种设备安全监督检验机构申请安全检验。

4）申请起重机械安全技术检验应以书面的形式，一份报送执行检验的部门，另一份由起重机械安全管理人员负责保管，作为起重机械管理档案保存。

5）凡有下列情况之一的起重机械，必须经检验检测机构按照相应的安全技术规范的要求实施监督检验，合格后方可使用。

① 首次启用或停用一年后重新启用的。

② 经大修、改造后重新启用的。

③ 发生事故后可能影响设备安全技术性能的。

④ 自然灾害后可能影响设备安全技术性能的。

⑤ 转场安装和移位安装的。

⑥ 国家其他法律法规要求的。

7. 起重机日常检查管理制度

起重机安全的运行状态直接影响到施工人员的生命安全，因此起重机使用单位应对在用起重机设备定期进行检查。安全管理人员应经常性地组织人员对起重机械使用状况进行日检、月检和年检，并督促起重机械的日常维护保养工作。

常规检查应由起重机械操作人员或管理人员进行，月检和年检可以委托专业单位进行。检查中发现异常情况时，必须及时进行处理，严禁设备带故障运行。所有检查和处理情况应及时进行记录。

起重机月检的主要内容如下：

1）"安全检验合格"标志的完好性。

2）起重机正常工作的技术性能。

3）所有安全、防护装置。

4）电气线路、液压回路的泄漏情况及工作性能。

5）吊钩、吊钩螺母及防松装置。

6）制动器性能及零件的磨损情况。

7）钢丝绳磨损、变形、伸长情况。

8）各传动机构零部件的运行、润滑和紧固。

9）绑、吊挂链和钢丝绳。

每台起重机都有一定的负荷，在实际使用过程中，会有各种不规则操作威胁着施工人员的安全，起重机械作业人员应严格执行"十不吊"，具体如下。

1）超过额定负荷不吊。

2）指挥信号不明、重量不明、光线暗淡不吊。

3）吊索和附件捆绑不牢、不符合安全要求不吊。

4）吊挂重物直接加工时不吊。

5）歪拉斜挂不吊。

6）工件上站人或浮放活动物不吊。

7）易燃易爆物品不吊。

8）带有棱角缺口物件不吊。

9）埋地物品不吊。

10）违章指挥不吊。

9.3.2　自行式起重机安全管理

自行式起重机是指自带动力并依靠自身的运行机构沿有轨或无轨通道运移的臂架型起重机。分为汽车式起重机、轮胎式起重机、履带式起重机、铁路起重机和随车起重机等几种。本节以装配式混凝土结构施工过程常用的履带式、汽车式和轮胎式起重机为例简述相应的安全管理规定。

1. 履带式起重机安全管理规定

履带式起重机使用必须满足国家、当地规定允许使用的条件，且需具备产品质量合格证明、使用维护说明书和有效期内的监督检验证明等文件。

履带式起重机使用前应检查以下内容是否符合要求：

1）各安全防护装置及各指示仪表齐全完好。

2）钢丝绳及连接部位符合规定。

3）燃油、润滑油、液压油、冷却水等添加充足。

4）各连接件无松动。

5）起重臂起落及回转半径内无障碍。

6）起重机音响、电铃等信号喇叭清晰。起重臂、吊钩、平衡重等转动体上标识、标志鲜明。

7）起重机的变幅指示器、力矩限制器、起重量限制器以及各种行程限位开关等安全保护装置，完好齐全、灵敏可靠。

8）钢丝绳与卷筒连接牢固，放出钢丝绳时，卷筒上应至少保留三圈。

起重机应在平坦坚实的地面上作业、行走和停放。在正常作业时，坡度不得大于3°，并应与沟渠、基坑保持安全距离。起重机不得靠近架空输电线路作业，起重机的任何部位与架空输电导线的安全距离应符合规定。

起重机的吊钩和吊环严禁补焊。当出现下列情况之一时应更换：表面有裂纹、破口、危险断面及钩颈有永久变形，挂绳处断面磨损超过截面高度10%，吊钩衬套磨损超过原厚度50%，心轴（销子）磨损超过其直径的3%~5%。

起重机启动前应将主离合器分离，各操纵杆放在空挡位置，并应按规定启动内燃机。内燃机启动后，应检查各仪表指示值，待运转正常再接合主离合器，进行空载运转，顺序检查各工作机构及其制动器，确认正常后，进行空载运转，试验各工作机构正常后方可作业。

起重吊装指挥人员作业时应与操作人员密切配合，执行规定的指挥信号。操作人员应按照指挥人员的信号进行作业，当信号不清或错误时，操作人员可拒绝执行。

起重机作业时，起重臂和重物下方严禁有人停留、工作或通过。重物吊运时，严禁从人上方通过。严禁用起重机载运人员。严禁使用起重机进行斜拉、斜吊和起吊地下埋设或凝固在地面上的重物以及其他不明重量的物体。起吊重物应绑扎平稳、牢固，不得在重物上再堆放或悬挂零星物件。易散落物件应使用吊笼栅栏固定后方可起吊。标有绑扎位置的物件，应按标记绑扎后起吊。吊索与物件的夹角宜采用45°~60°，且不得小于30°，吊索与物件棱角之间应加垫块。

起吊荷载达到起重机额定起重量的90%及以上时，应先将重物吊离地面200~500mm后，检查起重机的稳定性，制动器的可靠性，重物的平稳性，绑扎的牢固性，确认无误后方可继续起吊，升降动作应慢速进行，并严禁同时进行两种及以上动作。对易晃动的重物应拴好拉绳。重物起升和下降速度应平稳、均匀，不得突然制动。左右回转应平稳，当回转未停稳不得作反向动作。非重力下降式起重机，不得带载自由下降。严禁起吊重物长时间悬挂在空中，作业中遇突发故障，应采取措施将重物降落到安全地方，并关闭发动机后进行检修。

当起重机制动器的制动鼓表面磨损达1.5~2.0mm（小直径取小值，大直径取大值）时，应更换制动鼓，当起重机制动器的制动带磨损超过原厚度50%时，应更换制动带。

作业时，起重臂的最大仰角不得超过出厂规定。当无资料可查时，不得超过78°。起重机变幅应缓慢平稳，严禁在起重臂未停稳前变换挡位，起重机荷载达到额定起重量的90%及以上时，严禁下降起重臂。

起吊重物时应先稍离地面试吊，当确认重物已挂牢，起重机的稳定性和制动器的可靠性均良好，再继续起吊。在重物升起过程中，操作人员应把脚放在制动踏板上，密切注意起升重物，防止吊钩冒顶。当起重机停止运转而重物仍悬在空中时，即使制动踏板被固定，仍应脚踩在制动踏板上。

用双机抬吊作业时，应选用起重性能相似的起重机进行。抬吊时应统一指挥，动作应配合协调，荷载应分配合理，单机的起吊荷载不得超过允许荷载的80%。在吊装过程中，两台起重机的吊钩滑轮组应保持垂直状态。

当起重机需带载行走时，荷载不得超过允许起重量的70%，行走道路应坚实平整，重物应在起重机正前方向，重物离地面不得大于500mm，并应拴好拉绳，缓慢行驶。严禁长距离带载行驶。起重机行走时，转弯不应过急，当转弯半径过小时，应分次转弯；当路面凹凸不平时，不得转弯。起重机上下坡道时应无载行走，上坡时应将起重臂仰角适当放小，下坡时应将起重臂仰角适当放大。严禁下坡空挡滑行。

起重机在无线电台、电视台或其他强电波发射天线附近施工时，与吊钩接触的作业人员应戴绝缘手套和穿绝缘鞋，并应在吊钩上挂接临时放电装置。

当同一施工地点有两台以上起重机时，应保持两机间任何接近部位（包括吊重物）距离不得小于 2m。

提升重物水平移动时，应高出其跨越的障碍物 0.5m 以上。

作业后起重臂应转至顺风方向，并降至 40°～60°，吊钩应提升到接近顶端的位置，应关停内燃机，将各操纵杆放在空挡位置，各制动器加保险固定，操纵室和机棚应关门加锁。

2. 汽车式和轮胎式起重机安全管理规定

起重机行驶和工作的场地应保持平坦坚实，并应与沟渠、基坑保持安全距离。

起重机启动前重点检查项目应符合下列要求：

1）各安全保护装置和指示仪表齐全完好。

2）钢丝绳及连接部位符合规定。

3）燃油、润滑油、液压油及冷却水添加充足。

4）各连接件无松动。

5）轮胎气压符合规定。

起重机启动前，应将各操作杆放在空挡位置，手制动器应锁死，并按照相关规定启动内燃机；启动后，应怠速运转，检查各仪表指示值；运转正常后接合液压泵，待压力达到规定值，油温超过 30℃时，方可开始作业。

作业前，应将支腿全部伸出，并在撑脚板下垫方木，调整机体使回转支承面的倾斜度在无载荷时不大于 1/1000（水准泡居中）。支腿有定位销的必须插上。底盘为弹性悬挂的起重机，放支腿前应先收紧稳定器。

作业中严禁扳动支腿操纵阀，调整支腿必须在无载荷时进行，并将起重臂转至正前或正后方可进行调整。

应根据所吊重物的重量和提升高度调整起重臂长度和仰角，并应估计吊索和重物本身的高度，留出适当的空间。

起重臂伸缩时，应按规定程序进行，在伸臂的同时应相应下降吊钩。当限制器发出警报时，应立即向上伸臂。起重臂缩回时，仰角不宜太小。

起重臂伸出后，出现前节臂杆的长度大于后节伸出长度时，必须进行调整，消除不正常情况后，方可作业。

起重臂伸出后，或主副臂全部伸出后，变幅时不得小于各长度所规定的仰角。

汽车式起重机起吊作业时，汽车驾驶室内不得有人，重物不得超越驾驶室上方，且不得在车的前方吊起。

采用自由（重力）下降时，荷载不得超过该工况下额定起重量的 20%，并应使重物有控制地下降，下降停止前逐渐减速，不得使用紧急制动。

起吊重物达到额定起重量的 50% 及以上时，应使用低速挡。

作业中发现起重机倾斜、支腿不稳等异常现象时，应立即使重物下降落在安全的地方，下降中严禁制动。

重物在空中需要较长时间停留时，应将起升卷筒制动锁住，操作人员不得离开操纵室。

起吊重物达到额定重量的 90% 以上时，严禁同时进行两种及以上的操作动作。

起重机带载回转时，操作应平稳，避免急剧回转或停止，换向应在停稳后进行。

当轮胎式起重机带载行走时，道路必须平坦坚实，荷载必须符合出厂规定，重物离地面不得超过500mm，并应拴好拉绳，缓慢行驶。

起重机作业时，起重臂和重物下方严禁有人停留、工作或通过。重物吊运时，严禁从人上方通过。严禁用起重机载运人员。

严禁使用起重机进行斜拉、斜吊和起吊地下埋设或凝固在地面上的重物以及其他不明重量的物体。现场浇注的混凝土构件或模板，必须全部松动后方可起吊。

严禁起吊重物长时间悬挂在空中，作业中遇突发故障，应采取措施将重物降落到安全地方，并关闭发动机或切断电源后进行检修。在突然停电时，应立即把所有控制器拨到零位，断开电源总开关，并采取措施使重物降到地面。

作业后，应将起重臂全部缩回放在支架上，再收回支腿。吊钩应用专用钢丝绳挂牢；应将车架尾部两撑杆分别撑在尾部下方的支座内，并用螺母固定；应将阻止机身旋转的销式制动器插入销孔，并将取力器操纵手柄放在脱开位置，最后应锁住起重操纵室门。

行驶前，应检查并确认各支腿的收缩无松动，轮胎气压应符合规定。行驶时轮胎式起重机水温应在80～90℃，水温未达到80℃时，不得高速行驶。

行驶时应保持中速，不得紧急制动，过铁道口或起伏路面时应减速，下坡时严禁空挡滑行，倒车时应有人监护。

行驶时，严禁人员在底盘走台上站立或蹲坐，并不得堆放物件。

在露天有六级及以上大风或大雨、大雪、大雾等恶劣天气时，应停止起重吊装作业。雨雪过后作业前，应先试吊，确认制动器灵敏可靠后方可进行作业。

9.3.3 塔式起重机安全管理

塔式起重机（Tower Crane）简称塔机，亦称塔吊，起源于西欧。塔式起重机由金属结构、工作机构和电气系统三部分组成。金属结构包括塔身、动臂和底座等。工作机构有起升、变幅、回转和行走四部分。电气系统包括电动机、控制器、配电柜、连接线路、信号及照明装置等。塔机分为上回转塔机和下回转塔机两大类。其中前者的承载力要高于后者，在许多的施工现场我们所见到的就是上回转式上顶升加节接高的塔式起重机。在装配式混凝土结构建筑施工中一般采用的是固定式的。按其变幅方式可分为水平臂架小车变幅和动臂变幅两种；按其安装形式可分为自升式、整体快速拆装式和拼装式三种。应用最广的是能够一机四用（轨道式、固定式、附着式和内爬式）的自升塔式起重机。塔式起重机如图9-1所示。

图9-1 塔式起重机

1. 塔式起重机使用基本规定

塔式起重机的安装、拆卸和使用管理，必须严格执行《建筑起重机械安全监督管理规定》。塔式起重机应当具有特种设备制造许可证、产品合格证、制造监督检验证明。

塔式起重机产权单位，应在产权注册当地建设行政主管部门办理起重机械初始登记备案。

安装单位必须具有建设行政主管部门颁发的起重机械安装工程专业承包资质和安全生产许可证，并在其资质许可范围内承揽建筑起重机械安装和拆卸工作。安装单位应当按照安全技术标准即建筑机械性能要求编制装拆方案，经本单位负责人审定，报施工总承包单位、设备产权单位、监理单位审查后组织实施。

安装或拆卸作业，应划分警戒区域，安装单位专业技术人员、专职安全员，使用单位专职安全员，监理单位安全监理，应当进行现场监督。塔式起重机械安装完毕，应当经有相应资质的检验检测机构检测。塔式起重机械检验检测合格，由施工承包单位组织租赁、安装、监理等有关单位进行验收，不得以检测结论代替验收，验收合格后方可使用。对使用中的塔式起重机应进行定期检查和日常维护保养。使用单位应对安全限位保险装置和钢丝绳、吊索等易损部件每天进行检查，确保灵敏可靠。多台塔式起重机作业时必须满足安全距离要求，并采取有效的防碰撞措施。施工总承包单位应当自起重机械验收合格之日起 30 日内到施工当地建设行政部门办理起重机械使用登记，将使用登记牌置于该设备的显著位置。禁止擅自在塔式起重机上安装非原制造厂制造的标准节和附着装置。安装拆卸工、起重信号工、起重司机、司索工等特种作业人员应持证上岗。塔式起重机安全资料管理应按照施工现场安全资料管理标准组卷。

2. 资料管理

施工企业或塔式起重机机主应将塔式起重机的生产许可证、产品合格证、拆装许可证、使用说明书、电气原理图、液压系统图、司机操作证、塔式起重机基础图、地质勘查资料、塔式起重机拆装方案、安全技术交底、主要零部件质保书（钢丝绳、高强连接螺栓、地脚螺栓及主要电气元件等）报给塔式起重机检测中心，经塔式起重机检测中心检测合格后，获得安全使用证。安装好以后同项目经理部的交接要有交接记录，同时在日常使用中要加强对塔式起重机的动态跟踪管理，作好台班记录、检查记录和维修保养记录（包括小修、中修、大修）并有相关责任人签字，在维修的过程中所更换的材料及易损件要有合格证或质量保证书，并将上述材料及时整理归档，建立一机一档台账。

3. 拆装管理

塔式起重机的拆装是事故多发的阶段。因拆装不当和安全质量不合格而引起的安全事故占有很大的比重。塔式起重机拆装必须要具有资质的拆装单位进行作业，而且要在资质范围内从事安装拆卸。拆装人员要经过专门的业务培训，有一定的拆装经验并持证上岗，同时要各种人员齐全，岗位明确，各司其职，听从统一指挥。在调试的过程中，专业电工的技术水平和责任心很重要，电工要持电工证和起重证上岗。拆装要编制专项的拆装方案，方案要有安装单位技术负责人审核签字，并向拆装单位参与拆装的人员进行安全技术交底，并设立警戒区和警戒线，安排专人指挥，无关人员禁止入场，严格按照拆装程序和说明书的要求进行作业，当遇风力超过四级要停止拆装，风力超过六级塔式起重机要停止起重作业。特殊情况确实需要在夜间作业的要有足够的照明，因特殊情况需要在夜间作业的要与汽车式起重机司机就有关拆装的程序和注意事项进行充分的协商并达成共识。

4. 塔式起重机基础

塔式起重机基础是塔式起重机的根本，实践证明有不少重大安全事故都是由于塔式起重机基础存在问题而引起的，它是影响塔式起重机整体稳定性的一个重要因素。因此，在建设塔式起重机基础时要遵守以下标准。

1）塔式起重机基础应能承受工作状态和非工作状态下的最大荷载，并能满足塔式起重机抗倾覆稳定性要求。

2）使用单位应根据塔式起重机制造商提供的荷载参数设计施工混凝土基础。

3）若采用塔式起重机制造商推荐的混凝土基础，固定支腿、预埋节和地脚螺栓应按照原制造商规定的方法使用。

4）基础属于隐蔽工程，应按隐蔽工程管理规定验收签字。

5）采用地下节形式的基础：严禁采用标准节代替地下节，地下节严禁擅自制造。

6）采用十字梁形式的基础：水平面的斜度不得大于1/1000。螺母拧紧后，螺杆螺纹要露出螺母3牙以上。预埋螺栓外露长度不够，采用搭接其焊缝长度需经过计算，严禁对接。不得任意改变预埋螺栓的位置尺寸，应严格按说明书要求实施。十字梁安装时必须注意，与承重钢板间不应有间隙。

7）桩基础：当地基达不到使用说明书规定的承载力时，应采用桩基础达到其要求，应有设计计算书、设计图。

5. 安全距离

塔式起重机在平面布置的时候要绘制平面图，尤其是房地产开发小区的住宅楼存在多台塔式起重机时，更要考虑相邻塔式起重机的安全距离，在水平和垂直两个方向上都要保证不少于2m的安全距离，相邻塔式起重机的塔身和起重臂不能发生干涉，尽量保证塔式起重机在风力较大时能自由旋转。塔式起重机后臂与相邻建筑物之间的安全距离不少于50cm。塔式起重机与输电线之间的安全距离符合要求。

塔式起重机与输电线的安全距离不达规定要求的要搭设防护架，防护架原则上要停电搭设，不得使用金属材料，可使用竹竿等材料。竹竿与输电线的距离不得小于1m，还要有一定的稳定性，防止大风吹倒。

6. 安全装置

为了保证塔式起重机的正常与安全使用，我们强制性要求塔式起重机在安装时必须具备规定的安全保险装置，主要有：起重力矩限制器、起重量限制器、高度限位器、幅度限位器、回转限位器、吊钩保险装置、卷筒保险装置、风向风速仪、钢丝绳脱槽保险、小车防断绳装置和缓冲器等。这些安全装置要确保它的完好与灵敏可靠，在使用中如发现损坏应及时维修更换，不得私自接触或任意调节。按照《建筑施工安全检查标准》（JGJ 59—2011）要求，塔式起重机的专用开关箱也要满足"一机一闸一箱"的要求，漏电保护器的脱扣额定动作电流应不大于30mA，额定功率动作的时间不超过0.1s。司机里的配电盘不得裸露在外。电气柜应完好，关闭严密、门锁齐全，柜内电器元件应完好，线路清晰，操作控制机构灵敏可靠，各限位开关性能良好，定期安排专业电工进行检查维修。

7. 稳定性

塔式起重机高度与底部支承尺寸比值较大，且塔身的重心高、扭矩大、起动制动频繁、冲击力大，为了增加它的稳定性，要分析塔式起重机倾翻的主要原因，具体有以下几条：

（1）超载　不同型号的起重机通常采用起重力矩为主控制，当工作幅度加大或重物超过相应的额定荷载时，重物的倾覆力矩超过它的稳定力矩，就有可能造成塔式起重机倒塌。

（2）斜吊　斜吊重物时会加大它的倾覆力矩，在起吊点处会产生水平分力和垂直分力，在塔式起重机底部支承点会产生一个附加的倾覆力矩，从而减少稳定系数，造成塔式起重机倒塌。

（3）塔式起重机基础不平，地耐力不够　垂直度误差过大也会造成塔式起重机的倾覆力矩增大，使塔式起重机稳定性减少，因此要从这些关键性的因素出发来严格检查检测把关，预防重大的设备人身安全事故。

（4）附墙装置架设不符合要求　当塔式起重机超过它的独立高度的时候要架设附墙装置，以增加塔式起重机的稳定性。

附墙装置要按照塔式起重机说明书的要求架设，附墙间距和附墙点以上的自由高度不能任意超长，超长的附墙支撑应另外设计并有计算书，进行强度和稳定性的验算。附着框架保持水平、固定牢靠与附着杆在同一水平面上，与建筑物之间连接牢固，附着点以下塔身的垂直度不大于 2/1000，与建筑物的连接点应选在混凝土柱上或混凝土圈梁上。用预埋件或过墙螺栓与建筑物结构有效连接。有些施工企业用膨胀螺栓代替预埋件，还有用缆风绳代替附着支撑，这些都是十分危险的。

8. 安全操作

塔式起重机管理的关键还是对司机的管理。操作人员必须身体健康，了解机械构造和工作原理，熟悉机械原理、保养规划，持证上岗。司机必须按规定对起重机做好保养，有高度的责任心，认真做好清洁、润滑、紧固、调整、防腐等工作，不得酒后作业，不得带病或疲劳作业，严格按照塔式起重机械操作规程和塔式起重机"十不准、十不吊"进行操作，不得违章作业、野蛮操作，有权拒绝违章指挥，夜间作业要有足够的照明。塔式起重机平时的安全使用关键在操作工的技术水平和责任心，检查维修关键在机械和电气维修工。

9. 安全检查

塔式起重机在安装前后和日常使用中都要进行检查。金属结构焊缝不得开裂，金属结构不得有塑性变形；连接螺栓、销轴质量符合要求，对止退、防松的措施，连接螺栓要定期安排人员预紧；钢丝绳润滑保养良好，断丝数不得超标，绝对不允许断股，不得塑性变形，绳卡接头符合标准；减速箱和油缸不得漏油，液压系统压力正常，刹车制动和限位保险灵敏可靠，传动机构润滑良好，安全装置齐全可靠；电气控制线路绝缘良好。尤其要督促塔式起重机司机、维修工和机械维修工要经常检查，要着重检查钢丝绳、吊钩、各传动件、限位保险装置等易损件，发现问题立即处理，做到定人、定时间、定措施，杜绝机械带病作业。

10. 事故应急措施

1）塔式起重机基础下沉、倾斜：应立即停止作业，并将回转机构锁住，限制其转动；根据情况设置地锚，控制塔式起重机的倾斜。

2）塔式起重机平衡臂、起重臂折臂：塔式起重机不能做任何动作；按照抢险方案，根据情况采用焊接等手段，将塔式起重机结构加固，或用连接方法将塔式起重机结构与其他物体连接，防止塔式起重机倾翻和在拆除过程中发生意外；用 2～3 台适量吨位起重机，一台锁起重臂，一台锁平衡臂。其中一台在拆臂时起平衡力矩作用，防止因力的突然变化而造成倾翻；按抢险方案规定的顺序，将起重臂或平衡臂连接件中变形的连接件取下，用气焊割开，用起重机将臂杆取下；按正常的拆塔程序将塔式起重机拆除，遇变形结构用气焊割开。

3）塔式起重机倾翻：采取焊接、连接方法，在不破坏失稳受力情况下增加平衡力矩，控制险情发展；选用适量吨位起重机按照抢险方案将塔式起重机拆除，变形部件用气焊割开或调整。

4）锚固系统险情：将塔式平衡臂对应到建筑物，转臂过程要平稳并锁住；将塔式起重机锚固系统加固；如需更换锚固系统部件，先将塔式起重机降至规定高度后，再行更换部件。

5）塔身结构变形、断裂、开焊：将塔式平衡臂对应到变形部位，转臂过程要平稳并锁住；根据情况采用焊接等手段，将塔式起重机结构变形或断裂、开焊部位加固；落塔更换损坏结构。

9.4 构件运输安全管理

构件运输前，构件厂应与施工单位负责人沟通，制定构件运输方案，包括：配送构件的结构特点及重量、构件装卸索引图、选定装卸机械及运输车辆、确定搁置方法。构件运输方案得到双方签字确认后才能运输。

提前对装卸场地进行硬地化处理，使其能承受构件堆放荷载和机械行驶、停放要求；装卸场地应满足机械停置、操作时的作业面及回车道路要求，且空中和地面不得有障碍物。

场（厂）内运输道路应有足够宽的路面和坚实的路基；弯道的最小半径应满足运输车辆的拐弯半径要求。

超宽、超高、超长的构件，需公路运输时，应事先到有关单位办理准运手续，并应错过车辆流动高峰期。

9.4.1 构件装车安全管理

1）装车前准备，应根据构件的重量、尺寸、形状等选择合适的运输工具和支架，凡需现场拼装的构件应尽量将构件成套装车或按安装顺序装车，运至安装现场，提高工作效率，防止准备不足给装卸、运输过程和装车过程带来不必要的意外。

2）装车时构件起吊时应拆除与相邻构件的连接，并将相邻构件支撑牢固。

3）对大型构件，如外墙板，宜采用龙门式起重机或行车吊运。对于带阳台或飘窗造型构件，宜采用"C"形卡平衡吊梁。对小型 PC 结构构件，宜采用叉车、汽车式起重机转运。

4）当构件采用龙门式起重机装车时，起吊前应检查吊钩是否挂好，构件中螺钉是否拆除等，避免影响构件起吊安全。

5）构件从成品堆放区吊出前，应根据设计要求或强度验算结果，在运输车辆上支设好运输架。

6）外墙板宜采用竖直立放方式运输，应使用专用支架运输，支架应与车身连接牢固，墙板饰面层应朝外，构件与支架应连接牢固。构件直立运输支架如图 9-2 所示。

7）楼梯、阳台、预制楼板、短柱、预制梁等小型构件宜采用平运方式，装车时支点搁

图 9-2　构件直立运输支架

置要正确，位置和数量应按设计要求进行。载重汽车运框架柱如图 9-3 所示。

8）根据构件形状及构件重心位置分布，合理设定 PC 结构构件吊点位置。预埋吊具宜选用预埋吊钩（环）或可拆卸的埋置式接驳器。

9）构件装车时吊点和起吊方法，不论上车运输或卸车堆放，都应按设计要求和施工方案确定。吊点的位置还应符合下列规定：

① 两点起吊的构件，吊点位置应高于构件的重心或起吊千斤顶与构件的上端锁定点高于构件的重心。

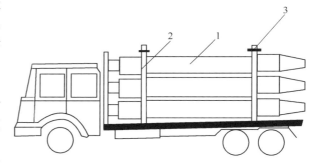

图 9-3　载重汽车运框架柱
1—框架柱　2—运架立柱　3—捆绑钢丝绳及倒链

② 细长的和薄型的构件起吊，可采用多吊点或特制起吊工具，吊点和起吊方法按设计要求进行，必要时由施工技术人员计算确定。

③ 变截面的构件起吊时，应做到平起平放，否则截面面积小的一端应先起升。

10）运输构件的搁置点：一般等截面构件在长度 1/5 处，板的搁置点在距端部 200 ~ 300mm 处。其他构件视受力情况确定，搁置点宜靠近节点处。

11）构件起吊时应保持水平，慢速起吊并注意观察。下落时平缓，落架时应防止摇摆碰撞，损伤货品棱角或表面瓷砖。

12）构件装车时应轻起轻落、左右对称放置车上，保持车上荷载分布均匀；卸车时按"后装的先卸"的顺序进行，使车身和构件稳定。构件装车编排应尽量将重量大的构件放在运输车辆前端中央部位，重量小的构件则放在运输车辆的两侧，并降低构件重心，使运输车辆平稳，行驶安全。

13）采用平运叠放方式运输时，叠放在车上的构件之间，应采用垫木，并在同一条垂直线上，且厚度相等。有吊环的构件叠放时，垫木的厚度应高于吊环的高度，且支点垫木上下对齐，并应与车身绑扎牢固。

14）构件与车身、构件与构件之间应设有板条、草袋等隔离体，避免运输时构件滑动、碰撞。

15）PC结构构件固定在装车架后，应用专用帆布带、夹具或斜撑夹紧固定，帆布带压在货品的棱角前应用角铁隔离，构件边角位置或角铁与构件之间接触部位应用橡胶材料或其他柔性材料衬垫等缓冲。

16）对于不容易调头和又重又长的构件，应根据其安装方向确定装车方向，以利于卸车就位。

17）临时加长车身，在车身上排列数根（数量由计算确定）超过车身长度的型钢（如工字钢、槽钢等）或大木方（截面200mm×300mm），使之与车身连接牢固；装车时将构件支点置于其上，使支点超出车身，超出的长度由计算确定。

18）构件抗弯能力较差时，应设抗弯拉索，拉索和捆扎点应计算确定。设抗弯拉索运输方式如图9-4所示。

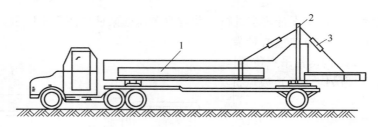

图9-4　设抗弯拉索的运输方式
1—构件　2—支架　3—抗弯拉索

9.4.2　运输过程安全控制

运输过程是运输阶段重要一环，运输前提前对一些交通影响因素进行考虑，提前做好准备。

1. 运输前的准备

应组织有关人员（含司机）参加运输道路情况查勘，勘察内容包括：沿途上空有无障碍物，公路桥的允许负荷量，通过的涵洞净空尺寸等。如沿途横穿铁道，应查清火车通过道口的时间，并对司机进行交底。运输超高、超宽、超长构件时，应在指定路线上行驶。

牵引车上应悬挂安全标志，超高的部件应有专人照看，并配备适当器具，保证在有障碍物情况下安全通过。

运输车辆应车况良好，刹车装置性能可靠；使用拖挂车或两平板车连接运输超长构件时，前车上应设转向装置，后车上设纵向活动装置，且有同步刹车装置。

PC结构构件装车完成后，应再次检查装车后构件质量，对于在装车过程中造成构件碰损部位，立即安排专业人员修补处理，保证装车的PC结构构件合格。

2. 运输基本要求

场内运输道路必须平整坚实，经常维修，并有足够的路面宽度和转弯半径。载重汽车的单行道宽度不得小于3.5m，拖车的单行道宽度不得小于4m，双行道宽度不得小于6m；采用单行道时，要有适当的会车点。载重汽车的转弯半径不得小于 10m，半拖式拖车的转弯半径不宜小于 15m，全拖式拖车的转弯半径不宜小于 20m。构件在运输时应固定牢靠，以防在运输中途倾倒，或在道路转弯时车速过高被甩出。根据路面情况掌握行车速度。道路拐弯必须降低车速。

采用公路运输时，若通过桥涵或隧道，则装载高度对二级以上公路不应超过 5m；对三、四级公路不应超过 4.5m。

装有构件的车辆在行驶时，应根据构件的类别、行车路况控制车辆的行车速度，保持车身平稳，注意行车动向，严禁急刹车，避免事故发生。

构件行车速度不应超过规定值，行车速度参考表见表 9-1。

表 9-1　行车速度参考表　　　　　　　（单位：km/h）

构件分类	运输车辆	人车稀少，道路平坦，视线清晰	道路较平坦	道路高低不平，坑坑洼洼
一般构件	汽车	50	35	15
长重构件	汽车	40	30	15
	平板（拖）车	35	25	10

3. 构件卸车及堆放

（1）卸货堆放前准备　构件运进施工现场前，应对堆放场地占地面积进行计算，根据施工组织设计编制现场堆放场内构件堆放的平面布置图。混凝土构件卸货堆放区应按构件型号、类别进行合理分区，集中堆放，吊装时可进行二次搬运。堆放场地应平整坚实，基础四周松散土应分层夯实，堆放应满足地基承载力。混凝土构件存放区域应在起重机械工作范围内。

（2）构件场内卸货堆放基本要求　堆放构件的地面必须平整坚实，进出道路应畅通，排水良好，以防构件因地面不均匀下沉而倾倒。

构件应按型号、吊装顺序依次堆放，先吊装的构件应堆放在外侧或上层，并将有编号或有标志的一面朝向通道一侧。堆放位置应尽可能在安装起重机械回转半径范围内，并考虑到吊装方向，避免吊装时转向和再次搬运。

确定构件的堆放高度时，应考虑堆放处地面的承压力和构件的总重量以及构件的刚度及稳定性的要求。柱子不得超过两层，梁不得超过三层，楼板不得超过六层，圆孔板不宜超过八层，堆垛间应留 2m 宽的通道。堆放预应力构件时，应根据构件起拱值的大小和堆放时间采取相应措施。

构件堆放要保持平稳，底部应放置垫木。成堆堆放的构件应以垫木隔开，垫木厚度应高于吊环高度，构件之间的垫木要在同一条垂直线上，且厚度要相等。堆放构件的垫木应能承受上部构件的重量。

构件堆放应有一定的挂钩绑扎间距，堆放时相邻构件之间的间距不小于 200mm。对侧向刚度差、重心较高、支承面较窄的构件，应立放就位，除两端垫垫木外，还应搭设支架或用支撑将其临时固定，支撑件本身应坚固，支撑后不得左右摆动和松动。

数量较多的小型构件堆放应符合下列要求：

1）堆放场地须平整，进出道路应畅通，且有排水沟槽。

2）不同规格、不同类别的构件分别堆放，以易找、易取、易运为宜。

3）若采用人工搬运，堆放时应留有搬运通道。

4）对于特殊和不规则形状构件的堆放，应制定堆放方案并严格执行。

5）采用靠放架立放的构件，必须对称靠放和吊运，其倾斜角度应保持大于80°，构件上部宜用木块隔开。靠放架宜用金属材料制作，使用前要认真检查验收，靠放架的高度应为构件的三分之二以上。

9.5 施工过程安全管理

装配式混凝土结构建筑建造过程中最难控制的安全管理阶段也就是现场施工阶段，施工现场有很多隐藏的安全风险，需要施工单位提前做好应对措施。

9.5.1 存在安全风险的阶段

1. 施工现场前期准备阶段存在的安全风险

施工方案不到位。如预制件至堆放点的运输道路布置不合理导致道路的堵塞、破坏及车辆碰撞等；再如道路及堆场设在地库顶板上时，若前期未进行计算及采取相应的加固措施，则有可能导致地库顶板开裂甚至坍塌等。

安全技术交底不到位。因装配式建筑比常规施工有更多的吊装工作，如果未进行相应的技术考核及安全技术交底，则容易造成施工人员未持证就上岗、吊装技术不熟练及施工人员站位不准确、缺少扶位而导致伤残等问题。

2. 施工装运阶段存在的安全风险

1）吊装机械选型及吊装方案不到位，导致吊装设备的碰撞及超负荷吊装、斜吊PC结构构件等安全问题。

2）PC结构构件进场检测不到位，可能出现吊装时埋件拉出、吊点周边混凝土开裂、吊具损坏、预制件重心不稳等吊装隐患。

3）吊装施工作业不规范，导致吊装PC结构构件时晃动严重及摆动幅度过大，增加了PC结构构件吊装时碰撞钢筋、伤人等安全隐患。

4）PC结构构件堆放不规范，导致PC结构构件的倾覆、破坏，严重的导致人员受伤。

5）防护设施安装不规范，在装配式建筑中一般不使用外脚手架而采用工具式防护架、围挡，倘若架体安装刚度不足及架体间缺少连接措施，则易导致架体不稳甚至物体、人员坠落。

3. 吊装就位阶段存在的安全风险

1）临时支撑体系不到位。PC结构构件需采用临时支撑拉结与原有体系进行连接，操作人员在支撑未安装到位前随意松解或加固易使斜撑滑动，导致构件的失稳或坠落。

2）吊装、安装不到位。吊装幅度过大，易导致挤压伤人。而当PC结构构件预埋接驳器内有垃圾或者预埋件保护不到位时，吊具受力螺栓无法充分拧入孔洞内从而导致螺栓部分受力，存在安全隐患。

3）高空作业、临边防护不规范。

4. 拼缝、修补外饰阶段存在的安全风险。

1）在拼缝、修补外饰面过程中，如果灌浆机的操作不当可能导致诸如浆料喷入操作者或其他人员眼睛里等安全事故的发生。

2）由于预制外墙板之间有拼缝，因此在装配式混凝土结构建筑中常会用到吊篮对外墙面进行处理。吊篮作业的不规范会产生严重的安全后果。

9.5.2 环境影响的安全因素

1）自然环境。在施工过程中，常会遇到一些不利于施工的天气，如大风、下雨、雷电等，需要有相应的应急预案。

2）施工现场环境。如现场布局不合理或者各类材料、机械等的乱堆放、对危险源的防护不到位等都是造成各类事故的安全隐患。

3）安全氛围环境。不良的施工安全氛围会导致工地安全事故频发、工人安全意识淡薄。

在整个施工过程中形成一个良好的安全氛围是十分有必要的。通过各种宣传工作，把重视安全作为企业文化来推广。

在装配式混凝土结构建筑的施工中，除了编制完善的施工方案、按照规章制度施工外，新技术的应用也能起到很好的效果，推广装配式混凝土结构建筑的同时也在大力推广 BIM 的应用，通过施工模拟、碰撞等各项 BIM 技术点的应用可以很好地提前发现并消除装运、吊装就位等工作中的安全隐患，且对施工方案进行优化，规范施工方法，实现施工技术与信息化技术的结合。

9.5.3 模板与支撑

1）装配式结构的模板与支撑应根据施工过程中的各种工况进行设计，应具有足够的承载力、刚度，并应保证其整体稳定性。

2）模板与支撑安装应保证工程结构和构件各部分形状、尺寸和位置的准确，模板安装应牢固、严密、不漏浆，且应便于钢筋安装和混凝土浇筑、养护。

预制叠合板类构件应符合下列规定：

① 预制叠合板类构件水平模板安装时，可直接将叠合板作为水平模板使用，其下部可直接采取龙骨支撑，支撑间距应根据施工验算确定。叠合板与现浇部位的交接处，应增设一道竖向支撑，并按设计或规范要求起拱。

② 叠合类构件竖向支撑宜选用定型独立钢支柱，支撑点位置应靠近起吊点。

③ 叠合板类构件作为水平模板使用时，应避免集中堆载、机械振动。

④ 安装叠合板的现浇混凝土剪力墙，宜在墙模板上安装叠合板板底标高控制方钢，浇筑混凝土前按设计标高调整并固定位置。

预制叠合梁应符合下列规定：

① 预制叠合梁下部的竖向支撑可采取点式支撑，支撑间距应根据施工验算确定。叠合梁与现浇部位的交接处，应增设一道竖向支撑。

② 叠合梁竖向支撑应选用定型独立钢支柱。

③ 安装预制墙板、预制柱等竖向构件，应采用斜支撑的方式临时固定，斜支撑应为可调式。斜支撑位置应避免与模板支架、相邻支撑冲突。

装配式结构模板安装允许偏差及检验方法见表9-2。

表9-2 模板安装允许偏差及检验方法

项　　目		允许偏差/mm	检验方法
轴线位置		5	钢尺检查
底模上表面标高		±5	水准仪或拉线、钢尺检查
截面内部尺寸	基础	±10	钢尺检查
	柱、墙、梁	+4，−5	钢尺检查
层高垂直度	不大于5m	6	经纬仪或吊线、钢尺检验
	大于5m	8	经纬仪或吊线、钢尺检验
相邻两板表面平整度		2	钢尺检查
表面平整度		5	2m靠尺和塞尺检查

9.5.4 外防护架

装配式混凝土结构外防护架为新兴配套产品，充分体现了节能、降耗、环保、灵活等特点，在装配式混凝土结构建筑建造过程中，外防护架悬挂在外剪力墙上，主要解决结构平立面防护以及里面垂直方向简单的操作问题，为工人的施工提供安全保障。

1. 悬挂式外防护架组装

悬挂式外防护架主要由三角架作架体制作而成，因此三角架应根据现场荷载和安全系数进行杆件和焊缝受力的设计计算，并应制作试件且通过现场荷载试验。悬挂式外防护架的主要构成如图9-5所示。悬挂式外防护架在使用前必须进行建筑物受力墙体的荷载验算，验算合格后方可投入使用。建议墙体混凝土强度不要低于10MPa。

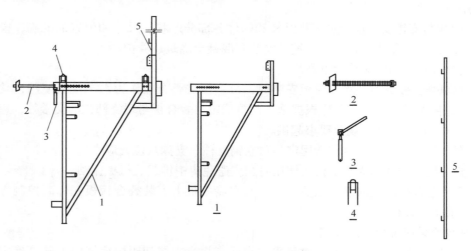

图9-5 悬挂式外防护架的主要构成
1—平台架 2—穿墙钩头螺栓 3—插销 4—提升挂钩 5—护栏

悬挂式外防护架的使用注意事项如下：

1）根据外挂架工作原理，墙柱混凝土必须达到一定强度方可进行提升（建议不低于

10MPa）。

2）悬挂式外防护架与墙体的间距紧凑，不宜过大。

3）外挂架挂设时，穿墙钩头螺栓内侧加设垫片，拧紧螺母后，再仔细检查一遍，确保安全。

4）每榀外挂架之间的间距，根据现场荷载情况计算确定，建议间距为1.5～1.8m，要考虑模板自重、操作人员荷载、架体自重和脚手板、护栏、零星材料等重量。

2. 组合操作平台组装

1）外挂架就位以后，紧固穿墙钩头螺栓螺母。两榀和两榀以上的外挂架按设计要求用脚手管件连成整体，其上铺设跳板，外侧加防护，组成组合操作平台。组合平台不宜过长，一般不大于6m。

2）使用中要严格控制组合平台上的荷载，同时在吊物、支模等过程中不应受到碰撞。

3）外挂架在转角墙面处必须贯通，将转角处一侧挂架伸至结构外皮处，另一侧单体挂架大横杆外伸成悬挑结构与其接通。所有悬挑部位外伸长度不宜大于1.2m，并与悬挑部位加设斜拉杆，增强外伸部位刚度。贯通后的转角墙面两侧组合平台需用临时性连接杆件拉结为整体，且全部外露部位均以密目安全网包裹严密。保证外架整体的封闭性。

4）对于外墙洞口水平尺寸大于1.8m的，两榀外挂架体间距须适当缩小，且两榀外挂架之间增加横杆连接，以保证外挂架的安全稳定。

3. 组合操作平台提升

1）提升前解开组合操作平台间的接缝板、立网等连接物，架子工挂好挂钩并离开平台后，方可发信号进行调运。

2）塔式起重机起吊时，先微量起吊，平衡架体自重，卸除穿墙螺栓上的架体荷载，然后再松动穿墙螺栓的螺母，向外稍微推出，并认真检查穿墙螺栓的螺母是否全部松动，确认后方可起吊。

3）起吊过程中吊钩垂直、平稳、缓慢起吊，另在架体两侧上、下共系四道保持组合架体平衡的揽风绳，起吊过程中，操作人员站在楼板上拽揽风绳协调组合架体平衡，并辅助塔式起重机将组合架体挂到拟就位的穿墙螺栓上。过程中不得碰撞结构和其他相邻组合操作平台。

4）组合架体就位前穿墙螺栓必须装齐，每根穿墙螺栓配一块垫片两个螺母。

架体就位后，立即紧固螺母，螺母全部紧固后再摘塔式起重机吊钩。组合架体使用前再认真检查架体内连接杆件是否松动，并用短钢管将相邻的两段架体连接成整体。

从下层组合架体穿墙螺栓的螺母松动开始至上层穿墙螺栓的螺母紧固完毕，整个架体提升过程中，架体上操作人员必须系安全带，安全带必须与工程结构（如剪力墙钢筋）系牢。

4. 悬挂式外防护架体系拆除

1）待结构全部施工完毕后，拆除所有外挂架。

2）先将外挂架组合操作平台吊至地面，再在地面上拆除各个构件，清理后分类码放整齐。

5. 水平安全网的搭设

在二层设置第一道水平安全网，安全网设置两层，两层中间间隔40cm，网宽6m，以上每隔四层分别设一道水平安全网，采用单层网，网宽3m，与结构拉结的部位用钢丝绳通过穿墙孔固定，外侧用架子管斜挑。水平安全网要外高内低，倾斜角度为 10°~30°。

本章小结

　　本章主要对装配式混凝土结构建筑施工过程中安全管理的内容、意义、重点以及各安全管理过程中的注意事项进行了说明。其中包括人身安全管理，机械设备安全管理，构件运输安全管理，施工过程的安全管理等内容。通过对本章学习，读者可了解装配式混凝土结构建筑安全管理的特点，并掌握安全管理的范围及方法。

复习思考题

　　1. 装配式混凝土结构建筑施工安全管理与传统项目的施工安全管理有哪些不同？
　　2. 装配式混凝土结构建筑施工安全管理的内容有哪些？重点和难点有哪些？
　　3. 如何提升装配式混凝土结构建筑的安全管理水平？

附录 与 PC 结构建筑相关的国家标准、行业标准和地方标准目录

序号	地区	类　型	名　　称	编　号	适用阶段	发布时间
1	国家	工程定额	装配式建筑工程消耗量定额	/	生产、施工	2016 年 12 月
2	国家	评价标准	装配式建筑评价标准	GB/T 51129—2017	设计、生产、施工	2017 年 12 月
3	国家	图集	装配式混凝土结构住宅建筑设计示例（剪力墙结构）	15J939-1	设计、生产	2015 年 2 月
4	国家	图集	装配式混凝土结构表示方法及示例（剪力墙结构）	15G107-1	设计、生产	2015 年 2 月
5	国家	图集	预制混凝土剪力墙外墙板	15G365-1	设计、生产	2015 年 2 月
6	国家	图集	预制混凝土剪力墙内墙板	15G365-2	设计、生产	2015 年 2 月
7	国家	图集	桁架钢筋混凝土叠合板（60mm 厚底板）	15G366-1	设计、生产	2015 年 2 月
8	国家	图集	预制钢筋混凝土板式楼梯	15G367-1	设计、生产	2015 年 2 月
9	国家	图集	装配式混凝土结构连接节点构造（楼盖结构和楼梯）	15G310-1	设计、施工、验收	2015 年 2 月
10	国家	图集	装配式混凝土结构连接节点构造（剪力墙结构）	15G310-2	设计、施工、验收	2015 年 2 月
11	国家	图集	预制钢筋混凝土阳台板、空调板及女儿墙	15G368-1	设计、生产	2015 年 2 月
12	国家	验收规范	混凝土结构工程施工质量验收规范	GB 50204—2015	施工、验收	2014 年 12 月
13	国家	验收规范	混凝土结构工程施工规范	GB 50666—2011	生产、施工、验收	2011 年 7 月
14	行业	技术规程	钢筋机械连接技术规程	JGJ 107—2016	生产、施工、验收	2016 年 2 月
15	行业	技术规程	钢筋套筒灌浆连接应用技术规程	JGJ 355—2015	生产、施工、验收	2015 年 1 月
16	行业	设计规程	装配式混凝土结构技术规程	JGJ 1—2014	设计、施工、工程验收	2014 年 2 月
17	安徽省	验收规程	装配整体式混凝土结构工程施工及验收规程	DB34/T 5043—2016	施工、验收	2016 年 3 月
18	安徽省	技术规程	建筑用光伏构件系统工程技术规程	DB34/T 2461—2015	设计、生产、施工、验收	2015 年 8 月

（续）

序号	地区	类 型	名 称	编 号	适 用 阶 段	发布时间
19	安徽省	产品规范	建筑用光伏构件	DB34/T 2460—2015	设计、生产、施工、验收	2015 年 8 月
20	安徽省	验收规范	装配整体式建筑预制混凝土构件制作与验收规程	DB34/T 5033—2015	生产、验收	2015 年 10 月
21	北京市	设计规程	装配式剪力墙住宅建筑设计规程	DB11/T 970—2013	设计	2013 年 3 月
22	北京市	设计规程	装配式剪力墙结构设计规程	DB11/ 1003—2013	设计	2013 年 3 月
23	北京市	标准	预制混凝土构件质量检验标准	DB11/T 968—2013	生产、施工、验收	2013 年 3 月
24	北京市	验收规程	装配式混凝土结构工程施工与质量验收规程	DB11/T 1030—2013	生产、施工、验收	2013 年 11 月
25	福建省	设计导则	装配整体式结构设计导则	/	设计	2015 年 3 月
26	福建省	审图要点	装配整体式结构施工图审查要点	/	设计	2015 年 3 月
27	福建省	技术规程	福建省预制装配式混凝土结构技术规程	DBJ 13-216—2015	生产、施工、验收	2015 年 2 月
28	广东省	技术规程	装配式混凝土建筑结构技术规程	DBJ 15-107—2016	设计、生产、施工	2016 年 5 月
29	河北省	技术规程	装配整体式混合框架结构技术规程	DB13（J）/T 184—2015	设计、生产、施工、验收	2015 年 4 月
30	河北省	技术规程	装配整体式混凝土剪力墙结构设计规程	DB13（J）/T 179—2015	设计	2015 年 4 月
31	河北省	技术规程	装配式混凝土剪力墙结构建筑与设备设计规程	DB13（J）/T 180—2015	设计	2015 年 4 月
32	河北省	验收标准	装配式混凝土构件制作与验收标准	DB13（J）/T 181—2015	生产、验收	2015 年 4 月
33	河北省	验收规程	装配式混凝土剪力墙结构施工及质量验收规程	DB13（J）/T 182—2015	施工、验收	2015 年 4 月
34	河南省	技术规程	装配整体式混凝土结构技术规程	DBJ41/T 154—2016	设计、生产、施工、验收	2016 年 4 月
35	河南省	技术规程	装配式混凝土构件制作与验收技术规程	DBJ41/T 155—2016	生产、验收	2016 年 4 月

（续）

序号	地区	类　型	名　称	编　号	适 用 阶 段	发 布 时 间
36	河南省	技术规程	装配式住宅建筑设备技术规程	DBJ41/T 159—2016	设计、生产、施工、验收	2016 年 6 月
37	河南省	技术规程	装配式住宅整体卫浴间应用技术规程	DBJ41/T 158—2016	施工、验收	2016 年 6 月
38	湖北省	技术规程	装配整体式混凝土剪力墙结构技术规程	DB42/T 1044—2015	设计、生产、施工、验收	2015 年 2 月
39	湖南省	技术导则	装配式混凝土结构建筑质量管理技术导则（试行）	/	设计、生产、施工、验收	2016 年 11 月
40	湖南省	工作导则	装配式混凝土建筑结构工程施工质量监督管理工作导则	/	设计、生产、施工、验收	2016 年 11 月
41	湖南省	规范	装配式钢结构集成部品撑柱	DB43/T 1009—2015	生产、验收	2015 年 2 月
42	湖南省	技术规程	装配式斜支撑节点钢结构技术规程	DBJ43/T 311—2015	生产、施工、验收	2015 年 5 月
43	湖南省	规范	装配式钢结构集成部品主板	DB43/T 995—2015	生产、验收	2015 年 2 月
44	湖南省	技术规程	混凝土装配-现浇式剪力墙结构技术规程	DBJ43/T 301—2015	设计、生产、施工、验收	2015 年 1 月
45	湖南省	技术规程	混凝土叠合楼盖装配整体式建筑技术规程	DBJ43/T 301—2013	设计、生产、施工、验收	2013 年 11 月
46	江苏省	验收规程	装配式结构工程施工质量验收规程	DGJ32/J 184—2016	施工、验收	2016 年 9 月
47	江苏省	审查导则	江苏省装配式建筑（混凝土结构）施工图审查导则（试行）	/	设计	2016 年 6 月
48	江苏省	招投标意见	江苏省装配式建筑（混凝土结构）项目招标投标活动的暂行意见	/	招投标	2016 年 4 月
49	江苏省	技术规程	施工现场装配式轻钢结构活动板房技术规程	DGJ32/J 54—2016	设计、生产、施工、验收	2016 年 4 月
50	江苏省	技术规程	预制预应力混凝土装配整体式结构技术规程	DGJ32/TJ 199—2016	设计、生产、施工、验收	2016 年 3 月
51	江苏省	技术导则	江苏省工业化建筑技术导则（装配整体式混凝土建筑）	/	设计、生产、施工、验收	2015 年 12 月

（续）

序号	地区	类型	名称	编号	适用阶段	发布时间
52	江苏省	图集	预制装配式住宅楼梯设计图集	苏 G26—2015	设计、生产	2015 年 10 月
53	江苏省	技术规程	预制预应力混凝土装配整体式框架结构技术规程	JG/T 006—2005	设计、生产、施工、验收	2009 年 9 月
54	辽宁省	设计规程	装配整体式剪力墙结构设计规程（暂行）	DB21/T 2000—2012	设计、生产	2012 年
55	辽宁省	验收规程	预制混凝土构件制作与验收规程	DB21/T 1872—2011	生产、验收	2011 年 1 月
56	辽宁省	技术规程	装配整体式建筑技术规程（暂行）	DB21/T 1924—2011	设计、生产、施工、验收	2011 年
57	辽宁省	技术规程	装配式建筑全装修技术规程（暂行）	DB21/T 1893—2011	设计、生产、施工、验收	2011 年
58	辽宁省	技术规程	装配整体式建筑设备与电气技术规程（暂行）	DB21/T 1925—2011	设计、生产、施工、验收	2011 年
59	辽宁省	技术规程	装配整体式混凝土结构技术规程（暂行）	DB21/T 1868—2010	设计、生产、施工、验收	2010 年
60	山东省	设计规程	装配整体式混凝土结构设计规程	DB37/T 5018—2014	设计	2014 年 9 月
61	山东省	验收规程	装配整体式混凝土结构工程施工与质量验收规程	DB37/T 5019—2014	施工、验收	2014 年 9 月
62	山东省	验收规程	装配整体式混凝土结构工程预制构件制作与验收规程	DB37/T 5020—2014	生产、验收	2014 年 9 月
63	上海市	设计规程	装配整体式混凝土公共建筑设计规程	DGJ 08-2154—2014	设计	2014 年
64	上海市	图集	装配整体式混凝土构件图集	DBJT 08-121—2016	设计、生产	2016 年 1 月
65	上海市	评价标准	工业化住宅建筑评价标准	DG/TJ 08-2198—2016	设计、生产、施工	2016 年 2 月
66	上海市	图集	装配整体式混凝土住宅构造节点图集	DBJT 08-116—2013	设计、生产、施工	2013 年 5 月
67	深圳市	技术规程	预制装配钢筋混凝土外墙技术规程	SJG 24—2012	设计、生产、施工	2012 年 6 月
68	深圳市	技术规范	预制装配整体式钢筋混凝土结构技术规范	SJG 18—2009	设计、生产、施工	2009 年 9 月

（续）

序号	地区	类　　型	名　　称	编　　号	适 用 阶 段	发 布 时 间
69	四川省	验收规程	四川省装配式混凝土结构工程施工与质量验收规程	DBJ51/T 054—2015	施工、验收	2016 年 1 月
70	四川省	设计规程	四川省装配整体式住宅建筑设计规程	DBJ51/T 038—2015	设计	2015 年 1 月
71	浙江省	验收规范	装配整体式混凝土结构工程施工质量验收规范	DB33/T 1123—2016	生产、施工、验收	2016 年 9 月
72	浙江省	技术规程	叠合板式混凝土剪力墙结构技术规程	DB33/T 1120—2016	生产、施工、验收	2016 年 3 月

参考文献

［1］上海隧道工程股份有限公司. 装配式混凝土结构施工［M］. 北京：中国建筑工业出版社，2016.

［2］王翔. 装配式混凝土结构建筑现场施工细节详解［M］. 北京：化学工业出版社，2017.

［3］济南市城乡建设委员会建筑产业领导小组办公室. 装配整体式混凝土结构工程施工［M］. 北京：中国建筑工业出版社，2015.

［4］中国建筑标准设计研究院. 建筑工业化系列标准应用实施指南：装配式混凝土结构建筑［M］. 北京：中国计划出版社，2016.

［5］王鑫，刘晓晨，李洪涛，等. 装配式混凝土建筑施工［M］. 重庆：重庆大学出版社，2018.

［6］刘晓晨，王鑫，李洪涛，等. 装配式混凝土建筑概论［M］. 重庆：重庆大学出版社，2018.

［7］王颖. 装配式混凝土结构住宅机电系统设计整体解决方案研究［J］. 建筑科学，2017（2）：148-157.

［8］吕俊峰. 在建筑机电安装中管道工厂化预制技术的应用［J］. 科技展望，2015（24）：45.

［9］王奕. 建筑与装修一体化设计与施工心得［J］. 民营科技，2011（8）：329.

［10］周榕冰. 基于模块化的住宅全装修研究［D］. 哈尔滨：哈尔滨工业大学，2009.

［11］常春光，王嘉源，李洪雪. 装配式建筑施工质量因素识别与控制［J］. 沈阳建筑大学学报（社会科学版），2016（2）：58-63.